T0255921

BestMasters

Mit „**BestMasters**" zeichnet Springer die besten Masterarbeiten aus, die an renommierten Hochschulen in Deutschland, Österreich und der Schweiz entstanden sind. Die mit Höchstnote ausgezeichneten Arbeiten wurden durch Gutachter zur Veröffentlichung empfohlen und behandeln aktuelle Themen aus unterschiedlichen Fachgebieten der Naturwissenschaften, Psychologie, Technik und Wirtschaftswissenschaften. Die Reihe wendet sich an Praktiker und Wissenschaftler gleichermaßen und soll insbesondere auch Nachwuchswissenschaftlern Orientierung geben.

Springer awards "**BestMasters**" to the best master's theses which have been completed at renowned Universities in Germany, Austria, and Switzerland. The studies received highest marks and were recommended for publication by supervisors. They address current issues from various fields of research in natural sciences, psychology, technology, and economics. The series addresses practitioners as well as scientists and, in particular, offers guidance for early stage researchers.

Lukas Scharfe

Geometrie der Allgemeinen Relativitätstheorie

Eine Einführung aus differentialgeometrischer Perspektive

 Springer Spektrum

Lukas Scharfe
Darmstadt, Deutschland

ISSN 2625-3577   ISSN 2625-3615 (electronic)
BestMasters
ISBN 978-3-658-40360-7   ISBN 978-3-658-40361-4 (eBook)
https://doi.org/10.1007/978-3-658-40361-4

Die Deutsche Nationalbibliothek verzeichnet diese Publikation in der Deutschen Nationalbiblio-
grafie; detaillierte bibliografische Daten sind im Internet über http://dnb.d-nb.de abrufbar.

Planung/Lektorat: Marija Kojic
Springer Spektrum ist ein Imprint der eingetragenen Gesellschaft Springer Fachmedien Wiesbaden
GmbH und ist ein Teil von Springer Nature.
Die Anschrift der Gesellschaft ist: Abraham-Lincoln-Str. 46, 65189 Wiesbaden, Germany

Danksagung

An dieser Stelle möchte ich die Gelegenheit nutzen und einige dankende Worte aussprechen.

Zuerst gebührt mein Dank meinen Betreuern Herr Prof. Dr. Stefan Scherer und Herr Dr. Moritz Rahn. Herr Scherer hat durch seine tatkräftige Unterstützung meines Vorhabens, eine interdisziplinäre Masterarbeit mit physikalischen und mathematischen Inhalten zu schreiben, diese Arbeit überhaupt erst ermöglicht. Die Auseinandersetzung mit dem Thema aus beiden Perspektiven war für mich eine große Bereicherung und hat mir viel Freude bereitet. Besonders bedanken möchte ich mich bei beiden Betreuern für ihr großes Engagement einer kontinuierlichen und intensiven Betreuung. Die gemeinsamen und angenehmen Treffen waren für mein eigenes Verständnis der Inhalte äußerst wertvoll und zielführend. Die Gespräche haben stets meinen Blick für die wesentlichen Inhalte und die wichtigen Details verschärft und so zu einer tieferen Auseinandersetzung geführt. Außerdem konnten einige Probleme und Unklarheiten aufgedeckt und beseitigt werden. Für die Zeit, die sich Herr Scherer und Herr Rahn während der letzten sechs Monate großzügig genommen haben, möchte ich noch einmal ausdrücklich Danke sagen.

Ich möchte auch meiner Familie und insbesondere meinen Eltern und Großeltern danken, die mir während des gesamten Studiums mit Rat und Tat zur Seite standen und mich auch weiterhin in meinen Entscheidungen unterstützen. Ich bin sehr dankbar dafür, dass sie mich alle den ganzen Weg begleiten konnten. Schließlich danke ich auch meiner Freundin Jule Wolf für ihre Unterstützung und dafür, dass sie in jeder Lebenslage für mich da ist.

Zu guter Letzt danke ich auch meinen Kommilitonen und Freunden, die das Studium zu etwas Einzigartigem gemacht haben. Durch die gemeinsame Zeit der letzten Jahre sind Freundschaften entstanden, die für mich besonders wertvoll geworden sind.

Inhaltsverzeichnis

Abbildungsverzeichnis

Tabellenverzeichnis

Einleitung 1

> *Dem Zauber dieser Theorie wird sich kaum jemand*
> *entziehen können, der sie wirklich erfasst hat; sie bedeutet*
> *einen wahren Triumph der durch Gauss, Riemann,*
> *Christoffel, Ricci und Levi-Civita begründeten Methode*
> *des allgemeinen Differentialkalküls.* (Einstein, 1915)

Nicht ohne Grund wird Albert Einsteins Entwicklung der *Allgemeinen Relativitäts-theorie* (ART) als eine der größten geistigen Leistungen eines einzelnen Menschen gerühmt. Nachdem ich mich im Rahmen dieser Arbeit mit Einsteins Ideen und sei-ner Suche nach einem relativistischen Gravitationsgesetz beschäftigen durfte, hat auch mich der Zauber seiner in sich geschlossenen Theorie in den Bann gezogen. Wenngleich es töricht wäre zu behaupten, ich hätte sie vollständig erfasst, habe ich einen Einblick in die Theorie erhalten, welcher in dieser Tiefe ohne die vorliegende Arbeit im Zuge meines Lehramtsstudiums nicht möglich gewesen wäre. Tief beein-druckt möchte ich daher den Leser[1] motivieren, die Reise durch die ART anzutreten – es lohnt sich.

Wie Einstein bereits im einleitenden Zitat bescheiden deutlich macht, waren die Arbeiten einer Reihe anderer Physiker und Mathematiker für die Formulierung seiner Theorie notwendig. So wird etwa der durch seine überragenden wissenschaft-lichen Leistungen bekannte Mathematiker Carl Friedrich Gauß erwähnt, der ca. 100 Jahre vor Einstein lebte und wirkte. Auch der Mathematiker Bernhard Riemann gilt

---

[1]In dieser Arbeit wird aus Gründen der besseren Lesbarkeit das generische Maskulinum verwendet. Die gewählte männliche Form bezieht sich immer zugleich auf weibliche und anderweitige Geschlechteridentitäten.

Zitat von Albert Einstein aus dem Jahr 1915. Siehe [Ein15b, S. 779].

L. Scharfe, *Geometrie der Allgemeinen Relativitätstheorie*, BestMasters, https://doi.org/10.1007/978-3-658-40361-4_1

1

bis heute als einer der bedeutendsten Mathematiker und legte mit seinem Habi-
litationsvortrag „*Über die Hypothesen, welche der Geometrie zu Grunde liegen*"
in Göttingen den Grundstein für die nach ihm benannte Riemann'sche Geometrie. Diese wurde später von Mathematikern wie Christoffel, Ricci und Levi-Civita
weiter ausgebaut und stellt heute ein Teilgebiet der Differentialgeometrie dar. Während Gauß unter anderem durch seine Beiträge zur Geometrie von Flächen bekannt
wurde, verallgemeinerte Riemann die Theorie auf n-dimensionale mathematische
Objekte.

Wir sehen, dass der Entwicklung der ART einiges an mathematischer Erkenntnis
vorausgehen musste. Einstein schreibt dazu selbst, dass die nötigen mathematischen
Hilfsmittel zur Formulierung der ART fertig bereit lagen.[2] Neben seinen genialen
physikalischen Ideen war es zudem sein Verdienst, die mathematischen Forschungen
für seine Theorie nutzbar zu machen. Wir wollen in dieser Arbeit gewissermaßen
ähnlich vorgehen und die mathematischen Inhalte der Riemann'schen Geometrie
an ausgewählten Stellen umfangreicher studieren, als es in herkömmlichen Werken
zur ART meist der Fall ist.[3] Dabei werden wir immer wieder feststellen können –
vielleicht in etwa so wie Einstein – wie sich die physikalischen Ideen der ART in
der Sprache der Differentialgeometrie wiederfinden. Das Ziel dieser Arbeit ist es,
eine Brücke zu bauen zwischen den physikalischen und mathematischen Inhalten
und Darstellungen, die in der Relativitätstheorie verwendet und relevant werden.
Hierbei werden vor allem auch Unterschiede zwischen einer mathematischen und
einer physikalischen Herangehensweise deutlich. Während beispielsweise in der
Physik vorzugsweise in Koordinaten gearbeitet wird, bemüht sich die Differentialgeometrie um eine koordinatenunabhängige Sprache. Die Arbeit ist daher an
Lehramtsstudierende sowie an Mathematik- und Physikstudierende gerichtet, die
an einer kompakten Darstellung der sowohl physikalischen als auch mathematischen Inhalte der Relativitätstheorie interessiert sind. Es wurde darauf geachtet,
möglichst wenige Grundkenntnisse vorauszusetzen. Es stellt sich schließlich die
Frage, weshalb ein Studium der mathematischen Inhalte sinnvoll ist, wenn viele
Standardwerke der ART auf diese Darstellung verzichten. Einige Werke argumentieren sogar weitestgehend phänomenologisch.[4] Angelehnt an Straumann [Str88,
S. 1] führe ich daher die folgenden Vorteile auf, die sich aus der Beschäftigung mit
der modernen differentialgeometrischen Sprache ergeben:

---

[2] Siehe [Ein16a, S. 769].

[3] Zu nennen sind hier z. B. die Werke von Fließbach [Fli16], Rebhan [Reb12] oder Meinel
[Mei19], die auf eine ausführlichere Darstellung der Riemann'schen Geometrie verzichten.

[4] Siehe z. B. [Son18].

1. Es wird möglich, die mathematische Literatur zu lesen und eventuell für physikalische Fragestellungen nutzbar zu machen.

2. Die grundlegenden Begriffe wie differenzierbare Mannigfaltigkeit, Tensorfelder, linearer Zusammenhang, etc. erhalten eine klare (intrinsische) Formulierung. Außerdem spielen sie auch in anderen Gebieten der Physik und Mathematik eine wichtige Rolle. Die Inhalte sind damit transferfähig.

3. Physikalische Aussagen und Begriffsbildungen werden nicht durch Abhängigkeiten der Koordinatenwahl verdunkelt. Zugleich wird die Rolle der Koordinaten bei physikalischen Anwendungen geklärt.

4. Auch für praktische Rechnungen ist die koordinatenunabhängige Sprache ein sehr kräftiges Hilfsmittel, welches oft schneller zum Ziel führt als herkömmliche Methoden.

Aus diesen Gründen erscheint die Behandlung der mathematischen Inhalte gerechtfertigt. Es ist an dieser Stelle jedoch anzumerken, dass auf die Behandlung des äußeren Kalküls der Differentialformen verzichtet wurde, da dieser den Rahmen der Arbeit sprengen würde.[5]

Wir beginnen diese Arbeit mit der Wiederholung der wesentlichen Aspekte aus der klassischen Mechanik. Auch wenn diese als bekannt vorausgesetzt werden dürften, werden wir im ersten Kapitel insbesondere die *Newton'sche Gravitationstheorie* kurz zusammenfassen. Wir ebnen damit den Weg zur *Speziellen Relativitätstheorie* (SRT) und werden sehen, welche physikalischen Erkenntnisse zu ebendieser geführt haben. Bereits in der SRT werden Tensoren eine wichtige Rolle spielen. Aus den oben genannten Gründen und um der Vielfältigkeit des Tensorbegriffs gerecht zu werden, wollen wir diesen in einen mathematischen Rahmen einordnen. An einigen Stellen im zweiten Kapitel wird sich daher die Darstellung der Inhalte von herkömmlichen Werken zur Relativitätstheorie unterscheiden. Abgeschlossen wird dieses Kapitel mit einer knappen Zusammenstellung der physikalischen Konsequenzen, die sich direkt aus der SRT ergeben. Im dritten Kapitel werden wir die Grundideen Einsteins formulieren, die ihn zu der Verallgemeinerung seiner SRT geführt haben. Hier sollte auch deutlich werden, weshalb der Krümmungsbegriff eine zentrale Rolle spielt. In den darauf folgenden beiden Kapiteln werden wir Inhalte der Differentialgeometrie behandeln und dabei stets die Ideen Einsteins im Hinterkopf behalten. An geeigneten Stellen werden wir auf diese zurückgreifen und sie mathematisch präzise formulieren. Die abstrakten Begriffe der n-dimensionalen *differenzierbaren Mannigfaltigkeiten* und des *Tangentialraums* sind für den Leser

---

[5] Für praktische Rechnungen erweist sich das Kalkül als durchaus nützlich. In unserem Fall genügen allerdings die herkömmlichen Methoden.

möglicherweise zunächst schwer zu erfassen, da sie ohne einen umgebenden Raum definiert werden. Wir werden uns die Inhalte daher immer wieder an anschaulichen Beispielen klar machen, die im bekannten $\mathbb{R}^3$ eingebettet sind. Um mathematische Objekte wie Vektoren und Tensoren auf Mannigfaltigkeiten differenzieren zu können, führen wir den *linearen Zusammenhang* ein. Dieser wird uns die *kovariante Ableitung* liefern, welche die herkömmlichen partiellen Ableitungen und allgemeinen Richtungsableitungen ersetzen wird. Wir kommen schließlich auf *Geodäten* zu sprechen, die eine besondere Klasse von Kurven darstellen und auch in der ART von großer Bedeutung sind. Mit dem *Riemann'schen Krümmungstensor* werden wir den Ausflug in die Differentialgeometrie abschließen. Ausgerüstet mit einem fundierten Wissen über diese mathematischen Inhalte wird es uns im siebten Kapitel möglich sein, ein relativistisches Gravitationsgesetz zu formulieren. Hierfür diskutieren wir zunächst den *Energie-Impuls-Tensor*, sodass wir im Anschluss mit der Aufstellung der *Einstein'schen Feldgleichungen* zu einem Höhepunkt dieser Arbeit gelangen. Die gefundenen Feldgleichungen werden wir für eine kugelsymmetrische, statische Masseverteilung lösen. Das führt uns zu der *Schwarzschild-Metrik*, welche wir für unser Sonnensystem diskutieren werden. In diesem Zuge werden wir die historisch sehr bedeutsamen Effekte der *Rotverschiebung, Periheldrehung und Lichtablenkung* behandeln. Diese führten noch zu Einsteins Lebzeiten zu einer eindrucksvollen Bestätigung seiner Theorie.

Es verbleibt noch zu erwähnen, dass für die Aufarbeitung der physikalischen Inhalte im Wesentlichen die Werke von Ryder [Ryd09], Rebhan [Reb12], Schröder [Sch02], Fließbach [Fli16] und Carroll [Car14] verwendet wurden. Des Weiteren sind die Lehrbücher von Weinberg [Wei72] und Misner et al. [Mis08] zu nennen. Die differentialgeometrischen Inhalte sind hauptsächlich mithilfe der Arbeiten von Kühnel [Küh12], Lee [Lee97], Oloff [Olo18], Straumann [Str88], Fischer/Kaul [Fis17] und Nakahara [Nak15] aufgearbeitet worden. In diesem Zusammenhang sind auch die Werke von O'Neill [ONe10] und Newman [New19] anzugeben, welche die mathematischen Inhalte zur pseudo-Riemann'schen Geometrie umfassend darstellen.

Wichtige Formeln und Sätze werden durch einen grauen Kasten hervorgehoben.

Der Weg zur Relativitätstheorie

2

Isaac Newton stellte im Jahr 1687 in seinem Lehrbuch „*Philosophiae naturalis principia mathematica*" die erste vereinheitlichende Theorie zur Gravitation vor. Im Rahmen der von ihm begründeten klassischen Mechanik kombinierte er die Forschungsarbeiten Galileis zu den Fallgesetzen auf der Erde mit den Kepler-Gesetzen der Planetenbewegung zu einem umfassenden Gravitationsgesetz. Newtons Theorie stellte damit einen Meilenstein zur Vereinheitlichung der Physik dar und es sollte über 200 Jahre dauern, bis Albert Einstein mit der ART den nächsten Durchbruch zu einer umfassenden relativistischen Gravitationstheorie erzielte. Da Newtons Gravitationstheorie die Grundlage weiterer Überlegungen war, die Einstein Anfang des 20. Jahrhunderts anstellte, wollen wir in diesem Kapitel einige zentrale Erkenntnisse Newtons zusammenfassen. Dabei leiten wir die Feldgleichung für das Gravitationspotential aus Newtons Gravitationsgesetz her und diskutieren anschließend den Begriff des Inertialsystems. Die Galilei-Transformation, die mathematisch zwischen zwei Inertialsystemen vermittelt, bildet den Abschluss dieses Kapitels. Die Darstellung der Inhalte orientiert sich an [Fli16], [Ryd09] und [Sch07].

2.1 Newtons Gravitationstheorie

Die Beschreibung der Bewegung eines Körpers erfolgt stets relativ zu dem Standpunkt eines Beobachters, wodurch ein *Bezugssystem* (BS) ausgezeichnet wird. Um die Bewegung zu quantifizieren, werden in einem Bezugssystem Koordinaten eingeführt.

© Der/die Autor(en), exklusiv lizenziert an Springer Fachmedien Wiesbaden GmbH, ein Teil von Springer Nature 2022
L. Scharfe, *Geometrie der Allgemeinen Relativitätstheorie*, BestMasters, https://doi.org/10.1007/978-3-658-40361-4_2

Die klassische Bahnkurve eines Massenpunkts m zur Zeit t lässt sich damit durch den Ortsvektor $\mathbf{r}(t) = (x^i(t)) = \left(x^1(t), x^2(t), x^3(t)\right)$ mit den zeitabhängigen Koordinaten $x^i(t)$ im bekannten Euklidischen Raum beschreiben.

Das zweite Newton'sche Axiom liefert eine Bewegungsgleichung für die Masse m, wenn sie sich unter dem Einfluss einer Kraft $\mathbf{F}$ befindet:

$$F = m \frac{d^2 r}{dt^2}. \tag{2.1}$$

Mit dem *Superpositionsprinzip*[1] erhalten wir damit für die Bewegung von N Massenpunkten, die sich aufgrund der Gravitation gegenseitig anziehen, das bekannte *Newton'sche Gravitationsgesetz*[2]

$$m_i \frac{d^2 r_i}{dt^2} = -G \sum_{j=1,\, j\neq i}^{N} \frac{m_i\, m_j\left(r_i - r_j\right)}{|r_i - r_j|^3}. \tag{2.2}$$

Hier ist G die Gravitationskonstante, deren Wert experimentell zu

$$G = (6.67430 \pm 0.00015) \cdot 10^{-11} \frac{\mathrm{m}^3}{\mathrm{kg\, s}^2} \tag{2.3}$$

bestimmt ist.[3]

Das Gravitationsfeld ist bekanntlich ein *konservatives Kraftfeld*, wodurch sich das *skalare Gravitationspotential* $\Phi(\mathbf{r})$ einführen lässt.[4] Wir werden im Folgenden sehen, dass durch eine Umschreibung des Gravitationsgesetzes eine Feldgleichung resultiert, die mathematisch die gleiche Form wie die Poisson-Gleichung der Elektrostatik annimmt.

---

[1] Nach dem Superpositionsprinzip addieren sich unterschiedliche Einzelkräfte $\mathbf{F}_i$, die auf einen Körper wirken, zu einer Gesamtkraft $\mathbf{F} = \sum_{i=1}^{N} \mathbf{F}_i$.

[2] An dieser Stelle setzen wir die Gleichheit von träger Masse (links in Gl. (2.2)) und schwerer Masse (rechts in Gl. (2.2)) bereits voraus.

[3] Der Wert wurde den *2018 CODATA recommended values* entnommen. Siehe [1].

[4] Das Gravitationspotential ist unabhängig von der Probemasse eines Körpers, der sich im Gravitationsfeld befindet. Multipliziert man $\Phi(\mathbf{r})$ mit der Masse m eines Probekörpers, erhält man dessen potentielle Energie.

Das skalare Gravitationspotential ist gegeben durch

$$\Phi(\boldsymbol{r}) = -G \sum_{j=1}^{N} \frac{m_j}{|\boldsymbol{r} - \boldsymbol{r}_j|}. \tag{2.4}$$

Indem wir über die einzelnen infinitesimalen Massenbeiträge $dm = \rho(\boldsymbol{r}')d^3r'$ mit der Massendichte $\rho(\boldsymbol{r}')$ summieren, lässt sich vom diskreten in den kontinuierlichen Fall übergehen und wir erhalten

$$\Phi(\boldsymbol{r}) = -G \int \frac{\rho(\boldsymbol{r}')}{|\boldsymbol{r} - \boldsymbol{r}'|} d^3r'. \tag{2.5}$$

Ausgehend von Gl. (2.2) ergibt sich mit Gl. (2.5) für den Massenpunkt $m_i = m$ und den zugehörigen Ortsvektor $\boldsymbol{r} = \boldsymbol{r}_i(t)$ die *Bewegungsgleichung im Gravitationsfeld*

$$m \frac{d^2 \boldsymbol{r}}{dt^2} = -m \, \nabla \Phi(\boldsymbol{r}). \tag{2.6}$$

Durch Anwendung des Laplace-Operators auf das skalare Gravitationspotential in Gl. (2.5) ergibt sich eine lineare partielle Differentialgleichung (DGL) zweiter Ordnung:

$$
\begin{aligned}
\Delta \Phi(\boldsymbol{r}) &= \Delta \left(-G \int \frac{\rho(\boldsymbol{r}')}{|\boldsymbol{r} - \boldsymbol{r}'|} d^3r' \right) \\
&= -G \int \rho(\boldsymbol{r}') \, \Delta \frac{1}{|\boldsymbol{r} - \boldsymbol{r}'|} d^3r' \\
&\overset{(2.8)}{=} -G \int \rho(\boldsymbol{r}') \left(-4\pi \, \delta(\boldsymbol{r} - \boldsymbol{r}') \right) d^3r' \\
&= 4\pi \, G \, \rho(\boldsymbol{r}).
\end{aligned}
\tag{2.7}
$$

Dabei haben wir im dritten Schritt den folgenden Zusammenhang benutzt[5]:

---

[5] Hierbei bezeichnet δ die Delta-Distribution, welche die Eigenschaft $\int f(\boldsymbol{r}') \, \delta(\boldsymbol{r}' - \boldsymbol{r}) \, d^3r' = f(\boldsymbol{r})$ für eine beliebig oft stetig differenzierbare Funktion $f : \mathbb{R}^3 \to \mathbb{R}$ erfüllt.

$$\Delta \frac{1}{|\boldsymbol{r} - \boldsymbol{r}'|} = -4\pi \, \delta \left(\boldsymbol{r} - \boldsymbol{r}' \right). \tag{2.8}$$

Wir erhalten damit die *Feldgleichung* in Newtons Theorie als Poisson-Gleichung

$$\Delta \Phi(\boldsymbol{r}) = 4\pi \, G \, \rho(\boldsymbol{r}). \tag{2.9}$$

Die Bewegungsgleichung (2.6) zusammen mit der Feldgleichung (2.9) bilden die Grundgleichungen der Newton'schen Gravitationstheorie. An dieser Stelle lässt sich feststellen, dass sie die gleiche mathematische Struktur wie die Feldgleichungen der Elektrostatik haben. Das Gravitationspotential wird durch das elektrostatische Potential Φ_e und die Massendichte durch die Ladungsdichte ρ_e ersetzt. Tabelle 2.1 zeigt die Analogien zwischen der Gravitation und Elektrostatik.

Tabelle 2.1 Vergleich zwischen Gravitation und Elektrostatik

	Gravitation	Elektrostatik
Bewegungsgleichung	$m \frac{d^2 \boldsymbol{r}}{dt^2} = -m \, \nabla \Phi(\boldsymbol{r})$	$m \frac{d^2 \boldsymbol{r}}{dt^2} = -q \, \nabla \Phi_e(\boldsymbol{r})$
Feldgleichung	$\Delta \Phi(\boldsymbol{r}) = 4\pi \, G \, \rho(\boldsymbol{r})$	$\Delta \Phi_e(\boldsymbol{r}) = -4\pi \, \rho_e(\boldsymbol{r})$

Zunächst ist zu beachten, dass elektrische Kräfte im Gegensatz zu gravitativen Kräften nicht immer *attraktiv*, sondern auch *repulsiv* wirken können. Während die Masse m eines Teilchens stets positiv ist, kann dessen Ladung q sehr wohl negativ sein. Analog gilt dies auch für die Massendichte ρ und die Ladungsdichte ρ_e. In den Gleichungen äußert sich dieser Unterschied im negativen Vorzeichen der Feldgleichung in der Elektrostatik.

In der Bewegungsgleichung der Elektrostatik tritt die Ladung q als Kopplungskonstante der elektrischen Wechselwirkung auf. Diese ist von der Masse m des Teilchens auf der linken Seite dieser Gleichung unabhängig. In gleicher Weise ließe sich diese Betrachtung auf die Bewegungsgleichung der Gravitation übertragen. Auf der rechten Seite der Gleichung würde die *schwere Masse* als Kopplungskonstante der Gravitation stehen, die sich von der *trägen Masse* auf der linken Seite abgrenzen ließe. Beide Massen wären, wie in der Elektrostatik die Masse und Ladung eines Teilchens, unabhängige Eigenschaften der betrachteten Körper. Experimentell hat man allerdings festgestellt, dass schwere und träge Masse zueinander äquivalent sind. Diese Feststellung wird im *Äquivalenzprinzip* formuliert, welches in der ART eine der wichtigsten Annahmen darstellt. Wir werden später in Kapitel 4 *Grundideen der Allgemeinen Relativitätstheorie* darauf zurückkommen und das Äquivalenzprinzip ausführlich diskutieren.

Newtons Gravitationsgesetz und das Coulomb-Gesetz in der Elektrostatik basieren auf der Idee der *Fernwirkung*. In der Gravitationstheorie ging man davon aus, dass sich die Gravitationskraft zwischen zwei Massen instantan ändert, wenn man die Position einer Masse verändern würde. Eine physikalische Wirkung würde sich demnach – unabhängig von der Entfernung – ohne zeitliche Verzögerung auswirken und bräuchte kein vermittelndes Medium. In der Elektro*dynamik*, die eine Verallgemeinerung der Elektrostatik darstellt, breiten sich Wirkungen hingegen maximal mit der Vakuumlichtgeschwindigkeit c aus. Ähnliches vermutete man daher auch für die Gravitation und versuchte nach dem Vorbild der Elektrodynamik eine speziell-relativistische Verallgemeinerung der Newton'schen Gravitationstheorie zu finden. Derartige Versuche scheiterten allerdings, da sie Effekte voraussagten, die mit experimentellen Ergebnissen nicht vereinbar waren. Dennoch greifen wir die Parallelen der Gravitationstheorie zur Elektrostatik im vierten Kapitel noch einmal auf und nutzen diese für eine erste Idee eines verallgemeinerten Gravitationsgesetzes.

2.2   Inertialsysteme und Relativitätsprinzip

Das erste Newton'sche Axiom, auch bekannt als Trägheitsgesetz, lautet wie folgt:

Definition 2.1 (Trägheitsgesetz)[6]
Jeder Körper verharrt in seinem Zustand der Ruhe oder der gleichförmig geradlinigen Bewegung, wenn er nicht durch einwirkende Kräfte gezwungen wird, seinen Bewegungszustand zu ändern.

Als gleichförmig geradlinig verstehen wir hier eine Bewegung mit konstanter Geschwindigkeit, d.h. $\ddot{r} = 0$. Das Trägheitsgesetz impliziert, dass es besondere Bezugssysteme (BS) geben muss, die gegenüber anderen ausgezeichnet sind. Die Klasse solcher ausgezeichneten BS, in denen das Trägheitsgesetz gilt, nennen wir *Inertialsysteme*[7] (IS).

---

[6] Siehe [Sch07, S. 5].

[7] Der Begriff Inertialsystem geht auf den deutschen Physiker und Psychologen Ludwig Lange (1863–1936) zurück. In einer Auseinandersetzung mit dem Trägheitsgesetz definiert er ein Inertialsystem als „ein System, worin ein sich selbst überlassener Punkt ruht, ein anderer in einer geraden Linie dahinschreitet, die den ersten nicht trifft" [Lan85, S. 274].

Definition 2.2 (Inertialsystem)[8]
Ein Bezugssystem, in dem sich ein kräftefreier Körper gleichförmig geradlinig bewegt, heißt Inertialsystem.

In beschleunigten BS, die keine IS sind, treten *Trägheitskräfte* auf, wie etwa die *Zentrifugalkraft* oder die *Coriolis-Kraft* in rotierenden BS. Die Newton'schen Gesetze nehmen in solchen BS eine kompliziertere Form an.

Es verbleibt jedoch die durchaus philosophische Frage, *was* genau ein Inertialsystem auszeichnet. Gegenüber *was* befindet sich der Körper in einem Zustand der gleichförmig geradlinigen Bewegung? Newton antwortete auf diese Frage mit dem *absoluten Raum* und demonstrierte dessen Existenz mit seinem berühmten Eimerexperiment. Ruht der Eimer, so ruht in ihm auch das Wasser und es gibt keine Relativbewegung zwischen dem Eimer und dem Wasser. Bei der Rotation des Eimers um sich selbst bildet das Wasser aufgrund der Zentrifugalkräfte eine parabolische Wölbung. Das BS des Eimers ist nun ein rotierendes, beschleunigtes BS. Newton schlussfolgerte, dass die Zentrifugalkräfte ihre Ursache in der Relativbewegung des Wassers zu einem absoluten Raum haben müssten, da auch im rotierenden Fall keine Relativbewegung zwischen Eimer und Wasser existiere.

Ernst Mach (1838–1916) diskutierte die Existenz des absoluten Raums kritisch. Er sah die Ursache der Zentrifugalkräfte in der Bewegung relativ zur Erde und anderen Himmelskörpern. In *„Die Mechanik in ihrer Entwicklung"* schreibt Mach zu Newtons Eimerexperiment:

> *„Niemand kann sagen, wie der Versuch verlaufen würde, wenn die Gefässwände immer dicker und massiger, zuletzt mehrere Meilen dick würden."* (Mach, 1883)[9]

Der Raum verliert in seinen Argumentationen an Bedeutung, vielmehr würde die Verteilung aller Massen im Universum die IS festlegen. Die Wölbung der Wasseroberfläche würde abnehmen und schließlich verschwinden, wenn die Wände des Eimers beliebig groß werden könnten und schließlich alle Massen im Universum enthalten würden.

Einstein war in seiner Entwicklung der ART maßgeblich von Machs Ideen beeinflusst, wenngleich er nicht alle Forderungen Machs übernahm.[10] Unter dem

---

[8] Siehe [Sch07, S. 5].

[9] Siehe [Mac83, S. 217].

[10] In der ART wird der Raum nicht vollständig eliminiert, wie es Mach forderte, sondern steht in enger Verbindung mit den vorhandenen Massen des Raums.

Mach'schen Prinzip prägte Einstein die Annahme, dass alle Massen im Universum die IS bestimmen, wobei hier gemeinhin auf Himmelskörper in großer Entfernung, den *Fixsternen*, verwiesen wird. Es ist daher üblich, die IS als solche BS zu charakterisieren, die gegenüber dem Fixsternhimmel ruhen oder sich relativ dazu mit konstanter Geschwindigkeit bewegen. Obwohl auch die Fixsterne einer Eigenbewegung unterliegen, erscheint diese Festlegung aufgrund der großen Entfernungen gerechtfertigt. Über einen hinreichend kleinen Zeitraum verändern sich die Positionen der Fixsterne daher nicht. Für IS gilt das schon von Galilei[11] formulierte Relativitätsprinzip.

Galilei'sches Relativitätsprinzip: Alle Naturgesetze haben in Inertialsystemen die gleiche Form.

Wir können auch sagen, dass *alle IS gleichwertig* sind. Alle physikalischen Vorgänge können daher unabhängig von der Wahl des IS gleich beschrieben werden.

2.3 Galilei-Transformation

Die Frage nach Transformationen, die von einem IS in ein anderes IS′ vermitteln, führt uns zu dem Begriff *Galilei-Transformation*. Wir wollen diese zunächst in ihrer allgemeinsten Form diskutieren. Betrachten wir dazu ein Ereignis in IS zum Zeitpunkt t mit den Koordinaten r, welches in IS′ zum Zeitpunkt t' durch die Koordinaten r' beschrieben wird.

Definition 2.3 (Galilei-Transformation)
Sei $\lambda = \pm 1$, $t_0 \in \mathbb{R}$ und $R \in O(3)$, $v, a \in \mathbb{R}^3$, dann lautet die zugehörige *Galilei-Transformation*

$$g : \mathbb{R}^4 \to \mathbb{R}^4, \quad \begin{pmatrix} t \\ r \end{pmatrix} \mapsto \begin{pmatrix} t' \\ r' \end{pmatrix} = \begin{pmatrix} \lambda t - t_0 \\ Rr - vt - a \end{pmatrix}. \tag{2.10}$$

---

[11] Galileo Galilei (1564–1642) war ein italienischer Universalgelehrter.

Wir wollen die Galilei-Transformationen zunächst physikalisch interpretieren, indem wir sie in ihre Einzelschritte zerlegen:

1. $r' = r - a$ bewirkt eine *räumliche Verschiebung* um den Vektor a.
2. $r' = r - vt$ beschreibt eine *gleichförmig geradlinige Relativbewegung* zwischen IS' und IS mit der Geschwindigkeit v.
3. $r' = Rr$ beschreibt eine *zeitlich konstante Drehung* des IS' gegenüber dem IS mit der reellen, orthogonalen 3×3-Matrix R. Hierbei gilt $R^T R = \mathbb{1}$ mit der Einheitsmatrix $\mathbb{1}$, womit det $R = \pm 1$ folgt. Man unterscheidet daher zwischen einer eigentlichen Drehung mit det $R = 1$ und einer uneigentlichen Drehung (*Drehspiegelung*) mit det $R = -1$.
4. $t' = t - t_0$ bewirkt eine *Verschiebung des Zeitnullpunkts*.
5. $t' = \lambda t$ lässt für $\lambda = -1$ eine *Zeitumkehr* zu.

Es lässt sich einfach zeigen, dass Galilei-Transformationen zwischen IS und IS' transformieren. Betrachten wir dazu ein kräftefreies Teilchen in IS, d.h. $\ddot{r} = 0$. Dann gilt für das Teilchen in IS':

$$\frac{d^2 r'}{dt'^2} = \frac{d^2}{dt^2}(Rr - vt - a) = \left(R \frac{d^2 r}{dt^2} - \frac{d^2(vt)}{dt^2} - \frac{d^2 a}{dt^2} \right) = R \frac{d^2 r}{dt^2} = \mathbf{0}.$$
(2.11)

In IS' gilt somit auch das Trägheitsgesetz und es handelt sich tatsächlich um ein Inertialsystem. Gesetze, die unter einer Transformation von einem IS in ein anderes IS' die gleiche Form besitzen, werden auch *kovariant* oder *forminvariant* genannt. Neben dem Trägheitsgesetz ist auch die Bewegungsgleichung in der Form $F(r) = m\ddot{r}$ unter Galilei-Transformationen kovariant.[12]

Die Galilei-Transformationen bilden eine Gruppe, die man als *Galilei-Gruppe G* bezeichnet. Lassen wir nur eigentliche Drehungen zu und verbieten eine Zeitumkehr, wird diese Gruppe die *eigentliche, orthochrone Galilei-Gruppe $G_+^\uparrow$* genannt.[13]

---

[12] Der Begriff *kovariant* darf nicht mit *invariant* verwechselt werden. Die Invarianz der Bewegungsgleichung unter einer Galilei-Transformation gilt nur für *abgeschlossene Systeme*. Im Fall einer Reibungskraft $F(r, \dot{r}) = m\ddot{r}$ ist die Bewegungsgleichung *nicht* invariant, da die Kräfte F und F' nicht in gleicher Weise von ihren Argumenten abhängen. Außerdem ist die Bewegungsgleichung in diesem Fall *nicht* invariant unter Zeitumkehr. Für eine ausführliche Diskussion sei hier an [Fli20, S. 33 ff.] und [Sch07, S. 25] verwiesen.

[13] Der Pfeil nach oben bedeutet $\lambda = 1$ und das Pluszeichen det $R = 1$. Ein Nachweis durch Verifikation der Gruppenaxiome lässt sich bei [Sch07, S. 24] finden.

Es ist außerdem zu erwähnen, dass im Euklidischen Raum der Abstand zwischen zwei Punkten unter der Galilei-Transformation bei Verwendung der euklidischen Norm unverändert bleibt. Die Bedingung $R^T R = \mathbb{1}$ garantiert, dass für zwei infinitesimal benachbarte Punkte mit den Koordinaten $P = (x, y, z)$ und $Q = (x + dx, y + dy, z + dz)$ das Abstandsquadrat

$$\|\overrightarrow{PQ}\|^2 = dx^2 + dy^2 + dz^2 \tag{2.12}$$

invariant bleibt. Diese Größe bezeichnen wir künftig als *Wegelement* ds^2.

2.3.1 Grenzen der Galilei-Transformationen

Nachdem James Clerk Maxwell (1831–1879) im Jahr 1864 die Naturgesetze des Elektromagnetismus in den nach ihm benannten Gleichungen beschrieb, stellte man fest, dass diese nicht kovariant unter Galilei-Transformationen waren. Sie standen damit im Konflikt mit dem Galilei'schen Relativitätsprinzip, wie wir uns durch die folgenden Überlegungen deutlich machen können.

In den Maxwell'schen Gleichungen wird die Ausbreitungsgeschwindigkeit einer elektromagnetischen Welle mit der Lichtgeschwindigkeit c beschrieben, die in der Theorie eine feste Konstante darstellt. Betrachten wir nun die *spezielle Galilei-Transformation*

$$t' = t, \quad x' = x - vt, \quad y' = y, \quad z' = z \tag{2.13}$$

für Inertialsysteme, die sich mit einer konstanten Geschwindigkeit v in x-Richtung gegeneinander bewegen.[14] Nehmen wir an, in IS breite sich zum Zeitpunkt $t = 0$ eine Wellenfront in x-Richtung mit der Lichtgeschwindigkeit c aus, d. h. $x(t) = ct$. Nach Anwendung der speziellen Galilei-Transformation würde ebendiese Wellenfront in IS' eine von c verschiedene Geschwindigkeit besitzen, denn

$$\dot{x}' = \frac{dx'}{dt'} = \frac{d(x - vt)}{dt} = \frac{d(ct - vt)}{dt} = c - v \neq c. \tag{2.14}$$

---

[14] Wir argumentieren im Folgenden in der *passiven Sichtweise* der Galilei-Transformationen. Das bedeutet, wir betrachten denselben physikalischen Vorgang von zwei verschiedenen Inertialsystemen aus. Dies ist abzugrenzen von der *aktiven Sichtweise*, bei der das physikalische Objekt in einem Inertialsystem transformiert wird. Weitere Informationen zu diesem Unterschied finden sich in [Sch16, S. 17 ff.].

Maxwell selbst betrachtete seine Gleichungen daher als nicht-relativistisch und nahm an, dass der Raum nicht leer sein musste. Damit sprach er sich für die Existenz eines hypothetischen Mediums aus, welches man den *Äther* nannte. In diesem Medium, so lautete die Annahme, würde sich Licht mit der Geschwindigkeit c ausbreiten. Es schien daher, als würde nun doch ein spezielles, ausgezeichnetes IS existieren, das relativ zum Äther ruht und in dem die Maxwell-Gleichungen gültig sind. Unter der Annahme, dass solch ein Äther existiere, erwartete man je nach Wahl des IS gemäß Gl. (2.14) unterschiedliche Lichtgeschwindigkeiten. Das *Michelson-Morley-Experiment*[15] sollte im Jahr 1887 eigentlich die Ätherhypothese bestätigen. Entgegen der Erwartungen widerlegten jedoch die beiden Physiker Michelson und Morley die Existenz des Äthers. In ihren Experimenten ließ sich für die Lichtgeschwindigkeit unabhängig von der relativen Bewegung der Erde gegen den Äther stets der Wert c nachweisen. Die neuen Erkenntnisse veranlassten Einstein, das Galilei'sche Relativitätsprinzip zu modifizieren und eine Theorie zu entwickeln, in der er die Konstanz der Lichtgeschwindigkeit im leeren Raum an den Anfang seiner Überlegungen stellte. Wie das zu einer neuen Klasse von Transformationen geführt hat, werden wir im nächsten Kapitel sehen.

---

[15] Benannt nach den Physikern Albert Abraham Michelson (1852–1931) und Edward Williams Morley (1838–1923).

Spezielle Relativitätstheorie 3

In diesem Kapitel werden wir die grundlegenden Konzepte der Speziellen Relativitätstheorie behandeln, welche für die Entwicklung der ART von großer Bedeutung sind. Die Grenzen der Galilei-Transformationen veranlassten Einstein zu zwei Postulaten, auf deren Grundlage er die SRT aufbaute. Die grundlegende Idee, Raum und Zeit zu vereinigen, führt uns zum *Minkowski-Raum* und zu den *Lorentz-Transformationen*. Wir werden feststellen, dass die neue Struktur der Raumzeit keinen absoluten Gleichzeitigkeitsbegriff zulässt. Es folgt daraufhin eine Abhandlung von Vektoren und Kovektoren im Minkowski-Raum. Im Zuge dessen werden wir auch den Tensorbegriff aufgreifen und mathematisch diskutieren. Am Ende des Kapitels werden einige zentrale Ergebnisse der SRT dargestellt. Für die Aufarbeitung der Inhalte wurden, falls nicht anders vermerkt, die Lehrbücher [Reb12], [Car14], [Sch02] und [Mei19] verwendet.

3.1 Die Raumzeit der SRT

In Abschnitt *2.3.1 Grenzen der Galilei-Transformation* haben wir festgestellt, dass die Maxwell-Gleichungen nicht kovariant unter einer Galilei-Transformation sind. Der Wunsch nach einer Theorie, in der das Relativitätsprinzip für die Maxwell-Gleichungen gültig ist, war daher groß. Da die Versuche, eine Bewegung der Erde relativ zum Äther nachzuweisen, gescheitert waren, formulierte Einstein 1905 in seinem Werk *„Zur Elektrodynamik bewegter Körper"* [1] zwei Postulate. Diese bildeten die Grundannahmen der SRT. In seinem ersten Postulat modifizierte er das Galilei'sche Relativitätsprinzip.

---

[1] Siehe [Ein05].

Einstein'sches Relativitätsprinzip: Alle Naturgesetze, inklusive der Maxwell-Gleichungen, haben in allen Inertialsystemen die gleiche Form.
Konstanz der Lichtgeschwindigkeit: Die Vakuumlichtgeschwindigkeit hat, unabhängig vom Bewegungszustand der Lichtquelle, in allen Inertialsystemen den gleichen Wert c.

Die Postulate führten dazu, dass die Galilei-Transformationen durch *Lorentz-Transformationen* ersetzt werden mussten und bedingten zudem eine relativistische Formulierung der Gesetze der Mechanik. Diese werden wir im Folgenden diskutieren.

3.1.1 Minkowski-Raum

„Von Stund an sollen Raum für sich und Zeit für sich völlig zu Schatten herabsinken und nur noch eine Art Union der beiden soll Selbstständigkeit bewahren.“ (Minkowski, 1908)[2]

Die euphorischen Worte Minkowskis leiteten seinen Vortrag *„Raum und Zeit“* im September 1908 auf der naturwissenschaftlichen Konferenz zu Köln ein. Während Raum und Zeit bei Newton getrennt aufgefasst wurden, was sich letztlich auch in den Galilei-Transformationen widerspiegelte, präsentierte Minkowski eine elegante Vereinigung von Raum und Zeit zur vierdimensionalen *Minkowski-Raumzeit*, die man auch *Minkowski-Raum* nennt.[3]

Die Raum- und Zeitkoordinaten werden im Minkowski-Raum zusammengefasst als vierdimensionaler, reeller Vektorraum $V = \mathbb{R}^4$. Ein physikalisches Ereignis ist dabei ein Vektor $x \in V$, dessen Koeffizienten wir mit den kartesischen Koordinaten

$$(x^\mu) = (x^0, x^1, x^2, x^3) = (ct, x, y, z) \in V \qquad (3.1)$$

---

[2] Siehe [Min18, S. 66].

[3] Die Trennung von Raum und Zeit bei den Galilei-Transformationen zwischen IS und IS' wird dadurch ersichtlich, dass die Zeitkoordinate t' *nicht* von den Raumkoordinaten r abhängt (siehe Gl. (2.10)). Bei der Lorentz-Transformation werden wir später sehen, dass die transformierte Zeitkoordinate von den ursprünglichen Raumkoordinaten abhängt. Raum und Zeit lassen sich auch in der Newton'schen Auffassung als *Galilei-Raumzeit* zusammenfassen. Hier hat die Zeit absoluten Charakter. Siehe [Sch07, S. 245 ff.].

beschreiben können. Wir folgen hierbei der in der Literatur üblichen Schreibweise und verwenden für die Koeffizienten der Vektoren aus dem Minkowski-Raum griechische Indizes, z. B. μ, ν, ρ, σ, welche stets die Zahlen 0, 1, 2, 3 durchlaufen. Betrachten wir die Aussendung eines Lichtsignals in einem IS als Ereignis mit den Koordinaten (ct_1, x_1, y_1, z_1) und den Empfang des Signals als Ereignis (ct_2, x_2, y_2, z_2) mit $t_2 > t_1$. Für das Lichtsignal ergibt sich dann die Strecke

$$c(t_2 - t_1) = \sqrt{(x_2 - x_1)^2 + (y_2 - y_1)^2 + (z_2 - z_1)^2}. \qquad (3.2)$$

Aus Gl. (3.2) folgt der Zusammenhang

$$0 = c^2(t_2 - t_1)^2 - (x_2 - x_1)^2 - (y_2 - y_1)^2 - (z_2 - z_1)^2. \qquad (3.3)$$

Die Konstanz der Lichtgeschwindigkeit bedeutet nun, dass für die Koordinaten in IS' derselbe Zusammenhang besteht. Gl. (3.3) legt die Definition des verallgemeinerten Abstandquadrats zwischen zwei Ereignissen im Minkowski-Raum nahe:

$$s_{12}^2 = c^2(t_2 - t_1)^2 - (x_2 - x_1)^2 - (y_2 - y_1)^2 - (z_2 - z_1)^2. \qquad (3.4)$$

Diese physikalische Motivation der Abstandsmessung zweier Ereignisse können wir mathematisch präzisieren, indem wir den Minkowski-Raum V mit einem verallgemeinerten Skalarprodukt, der *Minkowski-Metrik*, ausstatten.

Definition 3.1   Die *Minkowski-Metrik* ist die Bilinearform $\langle \cdot, \cdot \rangle : V \times V \to \mathbb{R}$ mit

$$\langle x, y \rangle = x^0 y^0 - x^1 y^1 - x^2 y^2 - x^3 y^3 \qquad (3.5)$$

für $x, y \in V$.

Aus Gl. (3.5) lassen sich die folgenden Eigenschaften der Minkowski-Metrik ableiten:

i) $\langle x, y \rangle = \langle y, x \rangle$ für alle $x, y \in V$ (symmetrisch)
ii) Wenn $\langle x, y \rangle = 0$ für alle $y \in V$, dann gilt $x = 0$ (nicht-entartet).

Während das gewohnte Skalarprodukt im Euklidischen Raum positiv definit ist (d. h. es gilt $\langle x, x \rangle > 0$ für alle $x \neq 0$), erfüllt die Minkowski-Metrik diese Eigenschaft

nicht. Die positive Definitheit wird durch die schwächere Eigenschaft in Def. 3.1ii)
ersetzt. Das hat zur Folge, dass wir später zwischen raumartigen, lichtartigen und
zeitartigen Vektoren unterscheiden können.

Die Minkowski-Metrik in Def. 3.1 haben wir bezüglich einer (verallgemeinerten)
Orthonormalbasis $\{e_\mu\}$ definiert. Als zugehörige Darstellungsmatrix erhalten wir
unmittelbar

$$\eta := (\eta_{\mu\nu}) = (\langle e_\mu, e_\nu \rangle) = \begin{pmatrix} 1 & 0 & 0 & 0 \\ 0 & -1 & 0 & 0 \\ 0 & 0 & -1 & 0 \\ 0 & 0 & 0 & -1 \end{pmatrix}, \tag{3.6}$$

die man auch als *Minkowski-Tensor* bezeichnet. Einen Vektor $x \in V$ schreiben wir
bezüglich $\{e_\mu\}$ als $x = x^\mu e_\mu$ und verwenden dabei die in der Relativitätstheorie
übliche Summenkonvention, die ab jetzt auch in dieser Arbeit verwendet wird.

Einstein'sche Summenkonvention: Über doppelt auftretende Indizes wird
summiert.

Aus praktischen Gründen schreiben wir häufig nur die Koeffizienten (x^μ) des Vektors.

Mit der Minkowski-Metrik in Gl. (3.6) können wir auch die Norm $\| \cdot \|$ eines
Vektors $x = x^\mu e_\mu$ einführen durch

$$\|x\|^2 = \langle x, x \rangle = \langle x^\mu e_\mu, x^\nu e_\nu \rangle = \langle e_\mu, e_\nu \rangle x^\mu x^\nu = \eta_{\mu\nu} x^\mu x^\nu. \tag{3.7}$$

Das infinitesimale Wegelement ergibt sich damit zu

$$\begin{aligned} ds^2 &= \eta_{\mu\nu} dx^\mu dx^\nu \\ &= (dx^0)^2 - (dx^1)^2 - (dx^2)^2 - (dx^3)^2 \\ &\overset{(3.1)}{=} c^2 dt^2 - dx^2 - dy^2 - dz^2. \end{aligned} \tag{3.8}$$

Ein Merkmal des Minkowski-Raums sei schon jetzt hervorgehoben: Wir können
ein *globales* Koordinatensystem einführen, in welchem der Minkowski-Tensor $\eta_{\mu\nu}$
die Form in Gl. (3.6) annimmt. Es lässt sich auch sagen: Verallgemeinerte Abstände
zwischen Ereignissen lassen sich im Minkowski-Raum überall gleich messen. Wir

werden später sehen, dass wir diese Eigenschaft aufgeben müssen, wenn wir die Effekte der Gravitation auf die Raumzeit berücksichtigen. An dieser Stelle sei schon vorweg genommen, dass $\eta_{\mu\nu}$ eine *flache* Raumzeit beschreibt, d. h. nicht gekrümmt ist.

3.1.2 Lorentz-Transformation

Wir suchen jetzt eine Transformationsvorschrift zwischen zwei Inertialsystemen, die mit der Konstanz der Lichtgeschwindigkeit verträglich ist.

Aufgrund der Homogenität von Raum und Zeit veranschlagen wir für die Koordinatentransformation einen linearen Ansatz, der zu *(inhomogenen) Lorentz-Transformationen* führt:

$$x' = \Lambda\, x + a \quad \text{bzw.} \quad x'^{\mu} = \Lambda^{\mu}{}_{\nu}\, x^{\nu} + a^{\mu}. \tag{3.9}$$

Der Vektor $a = (a^{\mu}) \in \mathbb{R}^4$ beschreibt Raum- und Zeittranslationen und die *Lorentz-Matrix* $\Lambda = (\Lambda^{\mu}{}_{\nu}) \in \mathbb{R}^{4\times4}$ eine relative Drehung und Bewegung. Beide Größen sind konstant, d. h. sie sind unabhängig von den gewählten Koordinaten. Wenn Raum- und Zeittranslationen nicht zugelassen werden, spricht man von einer *homogenen* Lorentz-Transformation.

Da die Lichtgeschwindigkeit bei der Transformation konstant bleiben muss, fordern wir die Invarianz des Wegelements, d. h. es soll gelten

$$ds'^2 = ds^2. \tag{3.10}$$

Es lässt sich zeigen, dass die Lorentz-Transformationen in Gl. (3.9) genau die Transformationen sind, die das Wegelement invariant lassen und zu denen eine inverse Transformation existiert.[4] Oder mathematischer ausgedrückt: Die homogenen Lorentz-Transformationen lassen die Minkowski-Metrik invariant.[5]

Wir wollen nun einige Eigenschaften der Matrizen Λ aus der Forderung in Gl. (3.10) ableiten. Betrachten wir dazu die Koordinatendifferenziale, die sich gemäß

---

[4] Ein Nachweis lässt sich in [Wei72, S. 27] finden.

[5] Ein mathematischer Zugang, der den Begriff *Isometrie* verwendet, lässt sich in [Fis17, S. 278] finden. Um in diesem Teil die physikalische Sichtweise in den Vordergrund zu stellen, wird im Folgenden mit dem Wegelement argumentiert.

Gl. (3.9) zu $dx'^{\mu} = \Lambda^{\mu}{}_{\rho}\, dx^{\rho}$ und $dx'^{\nu} = \Lambda^{\nu}{}_{\sigma}\, dx^{\sigma}$ transformieren. Die Translation um a^{μ} und a^{ν} fällt hierbei weg. Aufgrund der Invarianzforderung in Gl. (3.10) gilt:

$$ds'^2 = \eta_{\mu\nu}\, dx'^{\mu}\, dx'^{\nu} = \eta_{\mu\nu}\, \Lambda^{\mu}{}_{\rho}\, \Lambda^{\nu}{}_{\sigma}\, dx^{\rho}\, dx^{\sigma} \overset{!}{=} \eta_{\rho\sigma}\, dx^{\rho}\, dx^{\sigma} = ds^2.$$
(3.11)

Es folgt

$$\eta_{\mu\nu}\, \Lambda^{\mu}{}_{\rho}\, \Lambda^{\nu}{}_{\sigma} = \eta_{\rho\sigma} \quad \text{bzw.} \quad \Lambda^{T}\eta\,\Lambda = \eta.$$
(3.12)

Dies impliziert die folgenden Eigenschaften: Wegen $\det(\eta) = -1$ und $\det(\Lambda^{T}) = \det(\Lambda)$ gilt mit Gl. (3.12)

$$\det(\Lambda)^2 = 1 \quad \Longrightarrow \quad \det(\Lambda) = \pm 1$$
(3.13)

und für $\rho = \sigma = 0$ erhält man

$$(\Lambda^{0}{}_{0})^2 - \underbrace{\sum_{\mu=1}^{3} (\Lambda^{\mu}{}_{0})^2}_{\leq 0} = 1 \quad \Longrightarrow \quad |\Lambda^{0}{}_{0}| \geq 1.$$
(3.14)

Eigentliche Transformationen erfüllen die Eigenschaft $\det(\Lambda) = 1$. Transformationen mit $\Lambda^{0}{}_{0} \geq 1$, bei denen die Zeitrichtung invariant bleibt, nennt man *orthochrone Transformationen*. Die volle Gruppe der Lorentz-Transformationen, die Gl. (3.9) genügen, nennt man *Poincaré-Gruppe*. Die Gruppe der homogenen Lorentz-Transformationen heißt *Lorentz-Gruppe*. In Analogie zur Galilei-Gruppe bilden die eigentlichen orthochronen Transformationen die Untergruppe $L_{+}^{\uparrow}$ der Lorentz-Gruppe.[6]

Der wesentliche Unterschied zu den Galilei-Transformationen wird deutlich, wenn wir die Transformationen auf eine Relativbewegung v zwischen zwei Inertialsystemen einschränken. Bewege sich daher IS' relativ zu IS mit einer Geschwindigkeit v in x-Richtung, wobei zum Zeitpunkt $t = 0$ beide Ursprünge der Koordinatensysteme übereinander liegen.[7] Das ist nichts anderes als eine spezielle

---

[6] Der Pfeil nach oben bedeutet $\Lambda^{0}{}_{0} \geq 1$ und das Pluszeichen $\det(\Lambda) = 1$.

[7] Die räumliche Orientierung der beiden IS ist gleich, d. h. wir betrachten keine Drehungen.

Galilei-Transformation wie in Gl. (2.13). Wir erhalten in diesem Fall die Transformationsmatrix[8]

$$\Lambda = (\Lambda^\mu{}_\nu) = \begin{pmatrix} \gamma & -\gamma\beta & 0 & 0 \\ -\gamma\beta & \gamma & 0 & 0 \\ 0 & 0 & 1 & 0 \\ 0 & 0 & 0 & 1 \end{pmatrix} \tag{3.15}$$

mit

$$\beta = \frac{v}{c} \in (-1, 1) \quad \text{und} \quad \gamma = \frac{1}{\sqrt{1 - \beta^2}} \in [1, \infty). \tag{3.16}$$

Diese Transformation ist die *spezielle Lorentz-Transformation* und für ein Ereignis $(x^\mu) = (ct, x, y, z)$ ergibt sich im Koordinatensystem IS'

$$ct' = \frac{ct - x\,v/c}{\sqrt{1 - (v/c)^2}}, \quad x' = \frac{x - vt}{\sqrt{1 - (v/c)^2}}, \quad y' = y, \quad z' = z. \tag{3.17}$$

Im Grenzfall für nichtrelativistische Geschwindigkeiten $|v| \ll c$ geht Gl. (3.17) in die spezielle Galilei-Transformation in Gl. (2.13) über. Davon können wir uns überzeugen, wenn wir eine Taylor-Entwicklung nach v/c durchführen und $|v|/c \ll 1$ berücksichtigen:

$$x' = \frac{x - vt}{\sqrt{1 - \frac{v^2}{c^2}}} = x - vt + \mathcal{O}\left(\frac{v^2}{c^2}\right) \approx x - vt, \tag{3.18}$$

$$t' = \frac{t - \frac{v}{c^2}x}{\sqrt{1 - \frac{v^2}{c^2}}} = t - \frac{v}{c^2}x + \mathcal{O}\left(\frac{v^2}{c^2}\right) \approx t. \tag{3.19}$$

Im letzten Schritt von Gl. (3.19) ging außerdem ein, dass wir $|x|/c \ll 1$ annehmen.

---

[8] Eine Herleitung lässt sich in [Fli16, S. 11] oder [Sch16, S. 26] finden.

3.1.3   Relativität der Gleichzeitigkeit und der Lichtkegel

Als direkte Konsequenz aus der Lorentz-Transformation lässt sich dem Begriff
gleichzeitig keine absolute Bedeutung mehr zuschreiben. Es hängt jetzt vom Beobachter ab, ob zwei Ereignisse gleichzeitig stattfinden. Das wird schnell deutlich,
wenn wir zwei Ereignisse in IS mit Koordinaten $(ct_1, x_1, 0, 0)$ und $(ct_2, x_2, 0, 0)$
betrachten, die gleichzeitig und an verschiedenen Orten stattfinden, d. h. es gilt
$t_2 - t_1 = 0$ und $x_2 - x_1 \neq 0$. Eine Lorentz-Transformation nach IS', das sich mit
v relativ zu IS bewegt, liefert mit Gl. (3.17) die Zeitdifferenz

$$t_2' - t_1' = \gamma \frac{v}{c^2}(x_2 - x_1) \neq 0. \tag{3.20}$$

Die Ereignisse erfolgen von IS' aus gesehen also nicht gleichzeitig. Tatsächlich können wir für zwei unterschiedliche Ereignisse mit einem verallgemeinerten Abstand
$s_{12}^2 < 0$ immer ein Inertialsystem angeben, in dem die Ereignisse zur selben Zeit
stattfinden. Den Abstand dieser Ereignisse nennt man dann *raumartig*. Analog können wir fragen, ob es ein Inertialsystem gibt, in dem zwei nicht identische Ereignisse
am selben Ort stattfinden. Es lässt sich feststellen, dass sich ein solches System
genau dann finden lässt, wenn für die Ereignisse $s_{12}^2 > 0$ gilt. Der Abstand dieser
Ereignisse heißt dann *zeitartig*.[9]
   Veranschaulichen können wir uns das im Lichtkegel, den wir als nächstes besprechen werden. Wählen wir dazu ein beliebiges Ereignis als Ursprung $\mathbf{0}$ im Minkowski-
Raum V mit den Koordinaten $(0, 0, 0, 0)$. Für ein anderes Ereignis $\mathbf{x} \in V$ mit den
Koordinaten (ct, x, y, z) lautet der Abstand vom Ursprung:

$$||\mathbf{x}||^2 = \langle \mathbf{x}, \mathbf{x} \rangle = c^2 t^2 - x^2 - y^2 - z^2. \tag{3.21}$$

Die bisherigen Begriffe fassen wir in der folgenden Definition zusammen.[10]

---

[9] Siehe [Sch07, S. 229 f.] und [Mei19, S. 15 ff.]. Hierbei ist zu beachten, dass Meinel [Mei19]
den Minkowski-Tensor mit umgekehrten Vorzeichen verwendet.

[10] Zuvor haben wir den Abstand zweier Ereignisse als *licht-, zeit-* und *raumartig* genannt.
Da wir nun den Abstand eines Ereignisses zum Ursprung betrachten, ist die Bezeichnung
eines Vektors bzw. Ereignisses durch diese Begriffe gerechtfertigt. Die Bezeichnung eines
Vektors als *licht-, zeit-* und *raumartig* geht auf Minkowskis Vortrag *Raum und Zeit* im Jahr
1908 zurück. Siehe [Min18, S. 73].

> **Definition 3.2** Ein Ereignis bzw. ein Vektor x im Minkowski-Raum V heißt
>
> $lichtartig$, wenn $\langle x, x \rangle = 0,$
> $zeitartig$, wenn $\langle x, x \rangle > 0,$
> $raumartig$, wenn $\langle x, x \rangle < 0.$

Die Menge aller lichtartigen Ereignisse bilden einen dreidimensionalen Doppelkegel, den Lichtkegel:

$$K = \{ x \in V \mid \langle x, x \rangle = 0 \}.$$

Zeitartige Ereignisse mit $\langle x, x \rangle > 0$ liegen innerhalb (im grau schraffierten Bereich in Abb. 3.1) des Lichtkegels. Für $t > 0$ und $t < 0$ zerfällt der Lichtkegel in zwei disjunkte Komponenten, wodurch wir den *Zukunfts-* und *Vergangenheitslichtkegel* auszeichnen können.

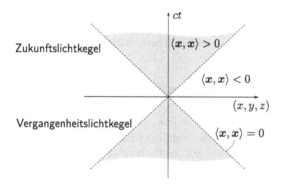

Abbildung 3.1 Visualisierung des Lichtkegels. Ereignisse im grauen Bereich sind zeitartig und außerhalb des Lichtkegels raumartig. Ereignisse auf der gestrichelten Linie sind lichtartig. Eigene Darstellung (angelehnt an [Mei19, S. 17]).

Für alle zeitartigen Ereignisse kann die zeitliche Reihenfolge durch einen Wechsel des Inertialsystems *nicht* umgekehrt werden. Es lässt sich kein System finden, in dem die Ereignisse gleichzeitig stattfinden. Die Begriffe *gleichzeitig*, *früher* oder *später* haben hier eine absolute Bedeutung, sodass zwei Ereignisse in einem kausalen

Zusammenhang stehen können. Ereignisse innerhalb des Vergangenheitslichtkegels bzw. Zukunftslichtkegels können Ursache bzw. Wirkung des Ereignisses 0 sein, wodurch eine Zeitrichtung festgelegt ist. Für Ereignisse auf dem Lichtkegel ist ein kausaler Zusammenhang mit 0 ebenfalls möglich, wenn sich das Ereignis mit Lichtgeschwindigkeit ausbreitet.

Anders ist das bei raumartigen Ereignissen mit $\langle x, x \rangle < 0$, die außerhalb des Lichtkegels liegen. Für diese Ereignisse kann die zeitliche Reihenfolge durch einen Wechsel des Inertialsystems umgekehrt werden. Die Begriffe *gleichzeitig*, *früher* oder *später* verlieren hierbei ihre absolute Bedeutung. Raumartige Ereignisse können daher im Gegensatz zu zeit- und lichtartigen Ereignissen nicht mit dem Ereignis 0 kausal zusammenhängen.[11]

3.2   Vektoren und Tensoren

Bevor wir uns konkret den Ergebnissen aus der SRT zuwenden, verschaffen wir uns in diesem Abschnitt ein grundlegendes Verständnis über Vektoren, Kovektoren und Tensoren. Insbesondere werden wir uns ausführlicher und unabhängig vom Minkowski-Raum mit dem Tensorbegriff beschäftigen. Tensoren sind vielfältige mathematische Objekte und werden in dieser Arbeit unterschiedlich in Erscheinung treten. Da sie vor allem auch für die spätere Formulierung von Gesetzen der ART zentral sind, lohnt sich eine ausführlichere mathematische Behandlung.

3.2.1   Vektoren im Minkowski-Raum

Betrachten wir einen Vektor $v = v^\mu e_\mu$ im Minkowski-Raum V. Die Koeffizienten des Vektors sind durch die Wahl einer Basis $\{e_\mu\}$ festgelegt. Bezüglich eines anderen Koordinatensystems mit der Basis $\{e'_\mu\}$ ergeben sich bekanntlich andere Koeffizienten, sodass wir den Vektor v schreiben können als

$$v = v^\mu e_\mu = v'^\mu e'_\mu. \tag{3.22}$$

Die Klasse der Transformationen, die wir bei einem solchen Wechsel zwischen den Koordinatensystemen zugrunde legen, ist die der Lorentz-Transformationen

---

[11] In [Sch10, S. 129 f.] wird unter Voraussetzung des Kausalitätsprinzips begründet, dass c die größte Übertragungsgeschwindigkeit für Signale und Informationen ist. Eine ausführlichere Behandlung des Lichtkegels lässt sich in [Sch07, S. 229 f.] oder [Mei19, S. 15] finden.

zwischen zwei Inertialsystemen IS und IS'. Die Koeffizienten v^μ verändern sich dann unter einer (homogenen) Lorentz-Transformation gemäß Gl. (3.9) zu

$$v'^\mu = \Lambda^\mu{}_\nu \, v^\nu. \tag{3.23}$$

Dieses Transformationsverhalten der Vektorkoeffizienten wird in der Literatur häufig für die Definition eines Vektors im Minkowski-Raum herangezogen. Das Quadrupel von Zahlen (v^μ), das sich wie in Gl. (3.23) transformiert, bezeichnet man dann als *Lorentz-Vektor* oder *Vierervektor*. Für die inverse Lorentz-Transformation vereinbaren wir die Schreibweise[12] $\Lambda_\mu{}^\nu := \Lambda^{-1}{}^\nu{}_\mu$.

Aus der Matrixdarstellung

$$\Lambda \, \Lambda^{-1} = \Lambda^{-1} \Lambda = \mathbb{1} \tag{3.24}$$

folgt in Indexschreibweise:

$$(\Lambda \, \Lambda^{-1})^\mu{}_\nu = \Lambda^\mu{}_\rho \, \Lambda^{-1}{}^\rho{}_\nu = \Lambda^\mu{}_\rho \, \Lambda_\nu{}^\rho = \mathbb{1}^\mu{}_\nu = \delta^\mu_\nu = \begin{cases} 1, & \text{falls} \quad \mu = \nu, \\ 0, & \text{falls} \quad \mu \neq \nu. \end{cases} \tag{3.25}$$

Mit einer analogen Rechnung für den zweiten Term erhalten wir

$$\Lambda^\mu{}_\rho \, \Lambda_\nu{}^\rho = \Lambda_\rho{}^\mu \, \Lambda^\rho{}_\nu = \delta^\mu_\nu. \tag{3.26}$$

Damit das Transformationsgesetz in Gl. (3.23) erfüllt ist, müssen sich nach Gl. (3.22) die Basisvektoren inversen Lorentz-Transformation transformieren:

$$e'_\mu = \Lambda_\mu{}^\nu e_\nu. \tag{3.27}$$

Aus dem Transformationsgesetz in Gl. (3.27) folgt

$$\eta'_{\mu\nu} = \langle e'_\mu, e'_\nu \rangle = \langle \Lambda_\mu{}^\rho e_\rho, \Lambda_\nu{}^\sigma e_\sigma \rangle = \Lambda_\mu{}^\rho \Lambda_\nu{}^\sigma \langle e_\rho, e_\sigma \rangle = \Lambda_\mu{}^\rho \Lambda_\nu{}^\sigma \eta_{\rho\sigma} \overset{(3.12)}{=} \eta_{\mu\nu}, \tag{3.28}$$

d. h. die Koeffizienten des Minkowski-Tensors ändern sich nicht unter einer Lorentz-Transformation und bilden daher einen invarianten Tensor.

---

[12] Bei der Schreibweise, die an ein konsistentes Indexbild angepasst wurde, bezeichnet jeweils der obere Index die Zeile und der untere die Spalte.

3.2.2   Kovektoren im Minkowski-Raum

Für die Einführung weiterer Objekte ist es nützlich, den zum Minkowski-Raum V dualen Vektorraum V^* zu betrachten. Der Dualraum ist der Vektorraum aller linearen Abbildungen von V nach $\mathbb{R}$, d. h.

$$V^* = \{\boldsymbol{\omega} : V \to \mathbb{R} \mid \boldsymbol{\omega} \text{ linear}\}.$$

Die Elemente in V^* nennt man *Kovektoren*. Wenn wir eine Basis $\{\boldsymbol{e}_\mu\}$ von V gegeben haben, lässt sich eindeutig die dazu duale Basis $\{\boldsymbol{\theta}^\nu\}$ von V^* angeben durch

$$\boldsymbol{\theta}^\nu(\boldsymbol{e}_\mu) = \delta^\nu_\mu. \tag{3.29}$$

Daher lässt sich jeder Kovektor als Linearkombination der dualen Basisvektoren schreiben:

$$\boldsymbol{\omega} = \omega_\mu \, \boldsymbol{\theta}^\mu \quad \text{mit} \quad \omega_\mu = \boldsymbol{\omega}(\boldsymbol{e}_\mu). \tag{3.30}$$

Wie bei Vektoren schreiben wir für den Kovektor $\boldsymbol{\omega}$ häufig auch einfach dessen Koeffizienten (ω_μ). Mit dieser Schreibweise wird auch die Stellung der Indizes klarer. Vektoren, deren Koeffizienten mit hoch gestellten Indizes geschrieben werden, bezeichnen wir als *kontravariante Vektoren*. Die Koeffizienten von Kovektoren hingegen werden mit unten stehenden Indizes geschrieben und *kovariante Vektoren* genannt. In Koeffizientenschreibweise können wir die Wirkung eines Kovektors auf einen Vektor schreiben durch

$$\boldsymbol{\omega}(\boldsymbol{v}) = \omega_\mu \, \boldsymbol{\theta}^\mu(v^\nu \boldsymbol{e}_\nu) = \omega_\mu v^\nu \boldsymbol{\theta}^\mu(\boldsymbol{e}_\nu) = \omega_\mu v^\nu \delta^\mu_\nu = \omega_\mu v^\mu \in \mathbb{R}. \tag{3.31}$$

Das Transformationgesetz für die kovarianten Koeffizienten ergibt sich direkt durch

$$\omega'_\mu = \boldsymbol{\omega}(\boldsymbol{e}'_\mu) = \boldsymbol{\omega}(\Lambda_\mu{}^\nu \boldsymbol{e}_\nu) = \Lambda_\mu{}^\nu \boldsymbol{\omega}(\boldsymbol{e}_\nu) = \Lambda_\mu{}^\nu \omega_\nu. \tag{3.32}$$

Analog zu den kovarianten Basisvektoren ergibt sich das Transformationsgesetz für kontravariante Basisvektoren:

$$\boldsymbol{\theta}'^\mu = \Lambda^\mu{}_\nu \, \boldsymbol{\theta}^\nu. \tag{3.33}$$

Mittels der Minkowski-Metrik lässt sich ein Vektor in den dazu dualen Vektor umwandeln und umgekehrt. Man spricht dann vom *Heben und Senken von Indizes*. Diese Idee wollen wir mithilfe eines Isomorphismus zwischen V und dem Dualraum V^* entwickeln. Wir lassen dazu in der Minkowski-Metrik $\langle \cdot, \cdot \rangle$ „einen Platz frei" und betrachten die lineare Abbildung

$$S : V \to V^*, \quad v \mapsto v^S := \langle v, \cdot \rangle, \tag{3.34}$$

die einen Vektor auf einen Kovektor abbildet.[13] Durch das Freihalten in der Minkowski-Metrik entsteht also der Kovektor v^S, der als Element des Dualraums noch auf einen Vektor aus V wirken muss. Daher gilt:

$$v^S(w) = \langle v, w \rangle \quad \text{für alle} \quad w \in V. \tag{3.35}$$

Satz 3.3 Die Abbildung S ist ein Isomorphismus.

Beweis: Da die Minkowski-Metrik $\langle \cdot, \cdot \rangle$ nicht-entartet ist, ergibt sich

$$\ker(S) = \{v \in V \mid v^S = 0\}$$
$$= \{v \in V \mid v^S(w) = \langle v, w \rangle = 0 \text{ für alle } w \in V\} = \{0\}$$

und damit die Injektivität. Wegen $\dim V = \dim V^*$ folgt zusätzlich Surjektivität. $\qquad\qquad\qquad\qquad\qquad\qquad\qquad\qquad\qquad\qquad\qquad\Box$

Mithilfe der Abbildung S lässt sich ein Index senken, wie der folgende Satz zeigt.

Satz 3.4 (Senken eines Index)
Sei $\{e_\mu\}$ eine Basis von V und $\{\theta^\nu\}$ die dazu duale Basis von V^*. Dann gilt

$$e_\mu{}^S = \eta_{\mu\nu}\theta^\nu. \tag{3.36}$$

Sei weiterhin $v = v^\mu e_\mu \in V$, dann gilt

$$v^S = v_\nu \theta^\nu \quad \text{mit} \quad v_\nu = \eta_{\mu\nu}v^\mu. \tag{3.37}$$

---

[13] Wir nennen die Abbildung S, da wir mit dieser einen Index *senken* können.

Beweis: Für die erste Gl. (3.36) gilt:

$$e_\mu{}^S \stackrel{(3.30)}{=} e_\mu{}^S(e_\nu)\,\theta^\nu \stackrel{(3.35)}{=} \langle e_\mu, e_\nu \rangle\,\theta^\nu \stackrel{(3.6)}{=} \eta_{\mu\nu}\theta^\nu.$$

Für die zweite Gl. (3.37) können wir wegen $v^S \in V^*$ den Kovektor v^S als Linearkombination $v^S = v_\nu \theta^\nu$ mit noch unbekannten Koeffizienten v_ν schreiben. Wir berechnen

$$v^S = S(v) = S(v^\mu e_\mu) = v^\mu\,S(e_\mu) = v^\mu\,e_\mu{}^S \stackrel{(3.36)}{=} v^\mu \eta_{\mu\nu}\theta^\nu,$$

sodass daraus $v_\nu = \eta_{\mu\nu}v^\mu$ folgt. $\square$

Da die Abbildung S ein Isomorphismus ist, existiert die inverse Abbildung

$$S^{-1} : V^* \to V, \tag{3.38}$$

die einen Kovektor auf einen Vektor abbildet. Analog zu Gl. (3.36) können wir einen dualen Basisvektor einsetzen und das Bild als Linearkombination der Basis $\{e_\mu\}$ schreiben:

$$S^{-1}(\theta^\mu) = \eta^{\mu\nu}e_\nu. \tag{3.39}$$

Gl. (3.39) legt implizit die kontravarianten Koeffizienten des Minkowski-Tensors $\eta^{\mu\nu}$ fest. Berechnen wir

$$e_\mu = S^{-1}(S(e_\mu)) = S^{-1}(e_\mu{}^S) \stackrel{(3.36)}{=} S^{-1}(\eta_{\mu\nu}\theta^\nu) = \eta_{\mu\nu}\,S^{-1}(\theta^\nu) \stackrel{(3.39)}{=} \eta_{\mu\nu}\eta^{\nu\rho}e_\rho, \tag{3.40}$$

lässt sich daraus der folgende Zusammenhang zwischen den ko- und kontravarianten Koeffizienten des Minkowski-Tensors finden:

$$\eta_{\mu\nu}\eta^{\nu\rho} = \delta_\mu^\rho. \tag{3.41}$$

Die Matrix $(\eta^{\mu\nu})$ ist damit gerade die Inverse zu $(\eta_{\mu\nu})$. Die inverse Abbildung in Gl. (3.38) bezeichnen wir mit $H := S^{-1}$ und analog zu Gl. (3.34) schreiben wir für den zum Kovektor ω gehörenden Vektor $H(\omega) := \omega^H$.[14]

---

[14] Wir bezeichnen S^{-1} mit H, da wir mit dieser Abbildung einen Index *heben* können. In der mathematischen Literatur werden S und H auch mit den musikalischen Operatoren $\flat$ und $\sharp$ definiert.

Satz 3.5 (Heben eines Index)
Sei $\{e_\mu\}$ und $\{\theta^\nu\}$ wie in Satz 3.4 und weiterhin $\omega = \omega_\mu \theta^\mu \in V^*$. Dann gilt

$$\omega^{\mathsf{H}} = \omega^\nu e_\nu \quad \text{mit} \quad \omega^\nu = \eta^{\mu\nu}\omega_\mu. \tag{3.42}$$

Beweis: Wegen $\omega^{\mathsf{H}} \in V$ können wir den Vektor ω^{H} als Linearkombination $\omega^{\mathsf{H}} = \omega^\nu e_\nu$ schreiben. Es gilt

$$\omega^{\mathsf{H}} = \mathsf{H}(\omega) = \mathsf{H}(\omega_\mu \theta^\mu) = \omega_\mu \mathsf{H}(\theta^\mu) \overset{(3.39)}{=} \omega_\mu \eta^{\mu\nu} e_\nu,$$

sodass daraus $\omega^\nu = \eta^{\mu\nu}\omega_\mu$ folgt. $\qquad\qquad\qquad\qquad\qquad\qquad\square$

Wir fassen die obigen Erkenntnisse wie folgt zusammen:

1. Für einen Vektor $v = v^\mu\, e_\mu$ ergeben sich durch Senken die Koeffizienten des zugehörigen Kovektors $v^{\mathsf{S}} = v_\nu \theta^\nu$ zu $v_\nu = \eta_{\mu\nu} v^\mu$.
2. Umgekehrt ergeben sich durch Heben für einen Kovektor $\omega = \omega_\mu \theta^\mu$ die Koeffizienten des entsprechenden Vektors $\omega^{\mathsf{H}} = \omega^\nu e_\nu$ zu $\omega^\nu = \eta^{\mu\nu}\omega_\mu$.

Für spätere Zwecke ist es an dieser Stelle sinnvoll, die Aussagen der Sätze 3.4 und 3.5 für einen endlichdimensionalen Vektorraum zu verallgemeinern.

Bemerkung 3.6 Sei V ein n-dimensionaler Vektorraum und V^* der zugehörige Dualraum von V. Weiterhin sei g eine nicht-entartete Bilinearform auf V und (g_{ij}), $1 \leq i, j \leq n$, die Darstellungsmatrix bezüglich einer Basis $\{e_1, \ldots, e_n\}$ von V mit der inversen Matrix (g^{ij}). Gemäß Satz 3.4 gibt es zu jedem Vektor v einen zugehörigen Kovektor v^{S} mit Koeffizienten $v_i = g_{ij} v^j$ und entsprechend gemäß Satz 3.5 zu jedem Kovektor ω einen Vektor ω^{H} mit Koeffizienten $\omega^i = g^{ij}\omega_j$.

3.2.3 Tensoren

Eine Verallgemeinerung der Vektoren und Kovektoren stellen Tensoren dar. Es hat einige Zeit gedauert, bis es den Mathematikern gelungen ist, einen theoretischen Rahmen dieser Objekte zu schaffen. Daher ist davon auszugehen, dass zu Einsteins Lebzeiten der Tensorbegriff noch nicht so verstanden wurde, wie er im Folgenden präsentiert wird. In den Kapiteln zur Differentialgeometrie werden Tensoren eine wichtige Rolle spielen und auch für die Formulierung der Gesetze in der Relativitätstheorie sind sie zentral. Es lohnt sich daher, den Tensorbegriff detaillierter zu studieren. Die Inhalte in diesem Abschnitt orientieren sich an [Fis20, S. 371–409] und [Wal16, S. 89–145].[15]

In diesem Abschnitt bezeichnet V einen n-dimensionalen Vektorraum. Außerdem vereinbaren wir, dass lateinische Indizes, z. B. i, j, kl, stets die Zahlen $1, \ldots, n$ durchlaufen.

Definition 3.7 (Tensor)

Ein *r-fach kontravarianter und s-fach kovarianter Tensor* (kurz: (r, s)-Tensor) ist eine multilineare Abbildung

$$T : \underbrace{V^* \times \cdots \times V^*}_{r\text{-mal}} \times \underbrace{V \times \cdots \times V}_{s\text{-mal}} \to \mathbb{R}.$$

Multilinearität meint hier, dass der Tensor in jedem seiner Argumente beim Festhalten der anderen linear ist. Die Menge aller (r, s)-Tensoren bildet mit der Addition zweier (r, s)-Tensoren des gleichen Typs und der Multiplikation mit reellen Zahlen einen Vektorraum. Tensoren lassen sich nun auch direkt als Elemente eines Tensorprodukts von Vektorräumen angeben.

Definition 3.8 (Tensorprodukt von Vektorräumen)

Seien V, W Vektorräume. Ein Vektorraum $V \otimes W$ zusammen mit einer bilinearen Abbildung

$$\otimes : V \times W \to V \otimes W \tag{3.43}$$

heißt *Tensorprodukt* von V, W, falls folgende *universelle Eigenschaft* gilt: Für jeden Vektorraum U und jede bilineare Abbildung

$$\xi : V \times W \to U \tag{3.44}$$

gibt es genau eine lineare Abbildung

---

[15] Für eine ausführlichere Diskussion sei auf diese genannten Lehrbücher verwiesen. In [Fis20] finden sich insbesondere verschiedene Beispiele. In [Wal16] ist außerdem eine ausführliche Diskussion der multilinearen Algebra enthalten, die für das Verständnis von Tensoren nützlich ist.

$$\xi_\otimes : V \otimes W \to U \quad \text{mit} \quad \xi = \xi_\otimes \circ \otimes. \qquad (3.45)$$

Das lässt sich durch das folgende kommutative Diagramm illustrieren:

Satz 3.9 Seien V, W Vektorräume.

i) Es existiert ein Tensorprodukt $(V \otimes W, \otimes)$ von V, W.

ii) Sind $(V \otimes W, \otimes)$ und $(V \tilde{\otimes} W, \tilde{\otimes})$ Tensorprodukte von V, W, so gibt es einen eindeutigen Isomorphismus $I : V \otimes W \to V \tilde{\otimes} W$ mit $\tilde{\otimes} = I \circ \otimes$.

Beweis: [Wal16, S. 100–104] □

Es ist üblich, von dem Tensorprodukt $V \otimes W$ zu sprechen und dabei die zugehörige Abbildung $\otimes$ zu unterschlagen. Für Vektoren $v \in V$ und $w \in W$ heißt

$$v \otimes w := \otimes(v, w) \qquad (3.46)$$

das *Tensorprodukt der Vektoren* v, w. Auch die Elemente von $V \otimes W$ werden Tensoren genannt.

Wir wollen kurz skizzieren, dass die Auffassung von Tensoren als multilineare Abbildungen (Def. 3.7) und als Elemente eines Tensorprodukts von Vektorräumen äquivalent sind und führen hierfür die wesentlichen Argumente an.

Die universelle Eigenschaft des Tensorprodukts besagt, dass jeder bilinearen Abbildung genau eine lineare Abbildung entspricht. Wenn wir in Def. 3.14 für den Vektorraum $U = \mathbb{R}$ setzen, können wir die Aussage der universellen Eigenschaft mit Satz 3.9 wie folgt formulieren.

Satz 3.10 Seien V, W Vektorräume. Dann ist die Abbildung

$$\text{Hom}(V \otimes W, \mathbb{R}) \to \text{Bil}(V, W; \mathbb{R}), \quad \xi_\otimes \mapsto \xi_\otimes \circ \otimes \qquad (3.47)$$

ein Isomorphismus.[16]

---

[16] Hier bezeichnet „Hom" die Menge der Homomorphismen (also linearen Abbildungen) und „Bil" die Menge der bilinearen Abbildungen.

Mithilfe der Dualräume lässt sich eine weitere Beziehung für die Vektorräume V und W angeben.

Satz 3.11 Seien V, W endlichdimensionale Vektorräume und $\omega \in V^*$, $\theta \in W^*$ zwei Kovektoren. Dann ist die kanonische Abbildung

$$V^* \otimes W^* \to (V \otimes W)^*, \quad \omega \otimes \theta \mapsto (\omega \cdot \theta)_\otimes \tag{3.48}$$

$$\text{mit} \quad (\omega \cdot \theta)_\otimes (v \otimes w) := \omega(v) \cdot \theta(w), \tag{3.49}$$

für $v \in V$, $w \in W$ ein Isomorphismus.[17]

Beweis: [Fis20, S. 395]   □

Wir können daher schreiben:

$$\mathrm{Bil}(V, W; \mathbb{R}) \cong \mathrm{Hom}(V \otimes W, \mathbb{R}) = (V \otimes W)^* \cong V^* \otimes W^*, \tag{3.50}$$

wobei im ersten Schritt der Isomorphismus aus Satz 3.10 und im letzten Schritt der Isomorphismus aus Satz 3.11 eingegangen ist. Bevor wir diese Isomorphismen auf (r, s)-Tensoren übertragen, benötigen wir noch einen weiteren Zusammenhang. Allgemein können wir zu jedem Vektorraum den Dualraum bilden, also auch zu dem Dualraum V^*. Wir erhalten auf diese Weise zu V den *Bidualraum*

$$V^{**} := (V^*)^* = \mathrm{Hom}(V^*, \mathbb{R}). \tag{3.51}$$

Der folgende Satz zeigt, dass wir V mit V^{**} identifizieren können.

Satz 3.12 Sei V ein endlichdimensionaler Vektorraum. Dann ist die kanonische Abbildung

$$\iota : V \to V^{**}, \quad v \mapsto \iota_v \quad \text{mit} \quad \iota_v(\omega) := \omega(v), \ \omega \in V^*, \tag{3.52}$$

ein Isomorphismus.

Beweis: [Beu14, S. 170]   □

---

[17] Auf der rechten Seite von Gl. (3.49) steht die Multiplikation zweier reeller Zahlen, da ein Kovektor angewendet auf einen Vektor eine reelle Zahl liefert.

Die Dualität zwischen Vektoren und Kovektoren lässt sich damit besonders „symmetrisch" schreiben durch

$$v(\omega) = \omega(v).\tag{3.53}$$

Wir haben jetzt alle Argumente zusammen, mit denen sich zeigen lässt, wie die beiden vorgestellten Auffassungen von Tensoren zu vereinen sind. Die konstruierten Isomorphismen in den Sätzen 3.10 und 3.11 sind zur besseren Übersicht bisher nur für zwei Vektorräume und bilineare Abbildungen angegeben. In analoger Weise lässt sich dies auf multilineare Abbildungen erweitern. Daher gilt:[18]

$$\mathrm{Mult}(\underbrace{V^*,\dots,V^*}_{r\text{-mal}},\underbrace{V,\dots,V}_{s\text{-mal}};\mathbb{R}) \underset{\text{Satz 3.10}}{\cong} \left(\underbrace{V^*\otimes\cdots\otimes V^*}_{r\text{-mal}}\otimes\underbrace{V\otimes\cdots\otimes V}_{s\text{-mal}}\right)^*$$

$$\underset{\text{Satz 3.11}}{\cong} \underbrace{V^{**}\otimes\cdots\otimes V^{**}}_{r\text{-mal}}\otimes\underbrace{V^*\otimes\cdots\otimes V^*}_{s\text{-mal}}$$

$$\underset{\text{Satz 3.12}}{\cong} \underbrace{V\otimes\cdots\otimes V}_{r\text{-mal}}\otimes\underbrace{V^*\otimes\cdots\otimes V^*}_{s\text{-mal}} =: \otimes_s^r V.$$

Die Menge aller (r,s)-Tensoren wird kurz mit $\bigotimes_s^r V$ bezeichnet. Einige Tensortypen kennen wir bereits:

1. Vektoren $v \in V$ sind $(1,0)$-Tensoren, denn es gilt

$$v \in V \cong V^{**} = \mathrm{Hom}(V^*,\mathbb{R}) = \otimes_0^1 V.\tag{3.54}$$

2. Kovektoren $\omega \in V^*$ sind $(0,1)$-Tensoren, denn es gilt

$$\omega \in \mathrm{Hom}(V,\mathbb{R}) = \otimes_1^0 V.\tag{3.55}$$

3. Bilinearformen $V \times V \to \mathbb{R}$ sind $(0,2)$-Tensoren. Insbesondere ist damit die Minkowski-Metrik ein zweifach kovarianter Tensor.

Im sechsten Kapitel zur Differentialgeometrie werden uns vor allem $(1,s)$-Tensoren begegnen, z. B. der *Torsionstensor* oder der *Riemann'sche Krümmungstensor*. Tensoren von diesem Typ lassen sich als multilineare Abbildung

---

[18] Hier bezeichnet „Mult" die Menge der multilinearen Abbildungen.

$$T : \underbrace{V \times \ldots \times V}_{s\text{-mal}} \to V \qquad (3.56)$$

interpretieren. Gemäß Def. 3.7 können wir in einen $(1, s)$-Tensor T einen Kovektor $\omega \in V^*$ und s Vektoren $v_1, \ldots, v_s \in V$ einsetzen. Lassen wir nun den ersten Platz für den Kovektor frei, erhalten wir aufgrund von Satz 3.12:

$$T(\,\cdot\,, v_1, \ldots, v_s) \in V^{**} \cong V. \qquad (3.57)$$

Das liefert uns die Auffassung des $(1, s)$-Tensors als multilineare Abbildung in Gl. (3.56).

Der folgende Satz zeigt, wie sich eine Basis für den Vektorraum $\bigotimes_s^r V$ aller (r, s)-Tensoren konstruieren lässt.

Satz 3.13 Sei $\{e_1, \ldots, e_n\}$ eine Basis des Vektorraums V mit zugehöriger dualer Basis $\{\theta^1, \ldots, \theta^n\}$. Die n^{r+s} Tensoren

$$e_{i_1} \otimes \ldots \otimes e_{i_r} \otimes \theta^{j_1} \otimes \ldots \otimes \theta^{j_s} \quad \text{mit} \quad 1 \le i_1, \ldots, i_r, j_1, \ldots, j_s \le n \qquad (3.58)$$

bilden für $r + s \ge 1$ eine Basis in $\bigotimes_s^r V$. Es gilt folglich

$$\dim \otimes_s^r V = n^{r+s}. \qquad (3.59)$$

Beweis: [Olo18, S. 29]   □

Jeder (r, s)-Tensor $T \in \bigotimes_s^r V$ besitzt damit die Basisdarstellung

$$T = t^{i_1 \cdots i_r}{}_{j_1 \cdots j_s} \, e_{i_1} \otimes \ldots \otimes e_{i_r} \otimes \theta^{j_1} \otimes \ldots \otimes \theta^{j_s} \qquad (3.60)$$

mit den Koeffizienten

$$t^{i_1 \cdots i_r}{}_{j_1 \cdots j_s} = T(\theta^{i_1}, \ldots, \theta^{i_r}, e_{j_1}, \ldots, e_{j_s}). \qquad (3.61)$$

Bevor wir uns wieder konkret dem Minkowski-Raum zuwenden, werden wir noch zwei wichtige Operationen mit Tensoren einführen. Für die Konstruktion neuer Tensoren höherer Stufe verwendet man das Tensorprodukt.

Definition 3.14 (Tensorprodukt)[19]

Das Tensorprodukt $T \otimes R$ zweier Tensoren $T \in \bigotimes_s^r V$ und $R \in \bigotimes_{s'}^{r'} V$ ist ein Tensor aus $\bigotimes_{s+s'}^{r+r'} V$, definiert durch

$$(T \otimes R)(\theta^1, \ldots, \theta^{r+r'}, e_1, \ldots, e_{s+s'})$$
$$= T(\theta^1, \ldots, \theta^r, e_1, \ldots, e_s) \, R(\theta^{r+1}, \ldots, \theta^{r+r'}, e_{s+1}, \ldots, e_{s+s'}). \tag{3.62}$$

Die Koeffizienten des Tensorprodukts ergeben sich mit Gl. (3.61) durch

$$(t \otimes r)^{i_1 \cdots i_{r+r'}}{}_{j_1 \cdots j_{s+s'}} = t^{i_1 \cdots i_r}{}_{j_1 \cdots j_s} \, r^{i_{r+1} \cdots i_{r+r'}}{}_{j_{s+1} \cdots j_{s+s'}}. \tag{3.63}$$

Beispiel 3.15 Das Tensorprodukt zweier Kovektoren $\omega, \omega' \in V^*$ ergibt einen $(0, 2)$-Tensor, also eine Bilinearform $\omega \otimes \omega'$. In diese können wir zwei Vektoren $v, v' \in V$ einsetzen und erhalten eine reelle Zahl. Genauer gilt:

$$(\omega \otimes \omega')(v, v') = \omega(v) \, \omega'(v'). \tag{3.64}$$

Wie aus Def. 3.14 hervorgeht, ist das Tensorprodukt zweier Tensoren T und R nicht kommutativ, d. h. es gilt im Allgemeinen $T \otimes R \neq R \otimes T$.[20] Eine weitere wichtige Operation ist die Kontraktion. Betrachten wir zunächst einen $(1, 1)$-Tensor T. Nach Def. 3.14 entsteht dieser durch das Tensorprodukt eines Vektors $v \in V$ und eines Kovektors $\omega \in V^*$, d. h. $T = v \otimes \omega$. Unter der Kontraktion versteht man dann die eindeutige lineare Abbildung[21]

$$C_1^1 : \otimes_1^1 V \to \mathbb{R} \quad \text{mit} \quad C_1^1(T) = C_1^1(v \otimes \omega) = \omega(v). \tag{3.65}$$

Klarer wird die Definition, wenn wir den Tensor gemäß Satz 3.13 in einer Basis entwickeln, d. h. $T = t^i_j \, e_i \otimes \theta^j$. Dann liefert die Abbildung C_1^1 angewendet auf T:

---

[19] Vergleiche [Olo18, S. 32].

[20] Weitere Rechenregeln des Tensorprodukts sind in [Olo18, S. 32] zu finden.

[21] Die Eindeutigkeit folgt direkt aus der universellen Eigenschaft des Tensorprodukts. Wir definieren die Kontraktion an dieser Stelle für elementare Tensoren der Form $(v \otimes \omega)$. Allgemeine Tensoren sind allerdings Linearkombinationen von Tensoren in dieser elementaren Form. Die Kontraktion lässt sich jedoch in eindeutiger Weise auf den ganzen Vektorraum $\otimes_1^1 V = V \otimes V^*$ linear fortsetzen. Siehe [Wal16, 132 ff.].

$$C_1^1(T) = t_j^i \, C_1^1(e_i \otimes \theta^j) = t_j^i \, \theta^j(e_i) = t_j^i \, \delta_i^j = t_i^i. \tag{3.66}$$

Wir sehen, dass sich die Kontraktion in Koeffizientenschreibweise durch Summation über den oberen und unteren Index ergibt.[22] Allgemein können wir die Kontraktion wie folgt einführen.

Definition 3.16 (Kontraktion)[23]
Die Kontraktion für $1 \leq k \leq r$, $1 \leq l \leq s$ eines Tensors ist definiert durch die eindeutige lineare Abbildung

$$C_l^k : \otimes_s^r V \to \otimes_{s-1}^{r-1} V \tag{3.67}$$

mit

$$C_l^k(v_1 \otimes \cdots \otimes v_r \otimes \omega^1 \otimes \cdots \otimes \omega^s)$$
$$= \omega^l(v_k)\, v_1 \otimes \cdots \otimes v_k \otimes \cdots \otimes v_r \otimes \omega^1 \otimes \cdots \otimes \omega^l \otimes \cdots \otimes \omega^s \tag{3.68}$$

für Vektoren $v_1, \ldots, v_r \in V$ und Kovektoren $\omega^1, \ldots, \omega^s \in V^*$. Die grauen Ausdrücke zeigen an, dass diese an der entsprechenden Stelle verschwinden.

Entwickeln wir einen Tensor $T \in \bigotimes_s^r V$ in einer Basis gemäß Satz 3.13, ergeben sich durch eine ähnliche Rechnung wie in Gl. (3.66) die Koeffizienten des kontrahierten Tensors $C_l^k(T)$ zu

$$\sum_{m=1}^n t^{i_1 \cdots i_{k-1}\, m\, i_{k+1} \cdots i_r}{}_{j_1 \cdots j_{l-1}\, m\, j_{l+1} \cdots j_s}. \tag{3.69}$$

Wir summieren demnach gemeinsam über den k-ten oberen und l-ten unteren Index.[24]

---

[22] Fassen wir die Koeffizienten des $(1, 1)$-Tensors als Matrix auf, wird durch Gl. (3.66) die enge Verbindung der Kontraktion zur Spurbildung einer Matrix deutlich.

[23] Vergleiche [New19, S. 107].

[24] Zur Verdeutlichung der Summation über den Index m wurde das Summenzeichen in Gl. (3.69) explizit notiert. Wegen der Einstein'schen Summenkonvention hätte es auch weggelassen werden können.

3.2.4 Tensoren im Minkowski-Raum

Nach dieser allgemeinen Diskussion des Tensorbegriffs kehren wir nun wieder zum bekannten vierdimensionalen[25] Minkowski-Raum zurück. Mit den bereits bekannten Transformationsgesetzen für Vektoren in Gl. (3.23) und Kovektoren in Gl. (3.32) lässt sich das Transformationsverhalten der Koeffizienten eines (r, s)-Tensors unter Lorentz-Transformation angeben durch

$$t'^{\mu_1 \cdots \mu_r}{}_{\nu_1 \cdots \nu_s} = \Lambda^{\mu_1}{}_{\rho_1} \cdots \Lambda^{\mu_r}{}_{\rho_r} \, \Lambda_{\nu_1}{}^{\sigma_1} \cdots \Lambda_{\nu_s}{}^{\sigma_s} \, t^{\rho_1 \cdots \rho_r}{}_{\sigma_1 \cdots \sigma_s}. \tag{3.70}$$

Im Minkowski-Raum der SRT lassen wir, wie bereits erwähnt, nur die Klasse der Lorentz-Transformationen zu. Die Tensoren nennt man dann *Lorentz-Tensoren* oder *Tensoren im Minkowski-Raum*. In den späteren Anwendungen im nächsten Kapitel betrachten wir meistens *Tensorfelder*, d. h. die Koeffizienten der Tensoren sind Funktionen der Raumzeitkoordinaten $x = (x^\mu)$. Die häufigsten Fälle, die uns im Folgenden begegnen werden, sind Skalar-, Vektor-, und zweifach kontravariante Tensorfelder. Die Felder transformieren sich wie folgt:

1. Skalarfeld $f'(x') = f(x)$,
2. Vektorfeld $v'^\mu(x') = \Lambda^\mu{}_\nu v^\nu(x)$,
3. Tensorfeld $t'^{\mu\nu}(x') = \Lambda^\mu{}_\rho \Lambda^\nu{}_\sigma t^{\rho\sigma}(x)$.

Dabei müssen die Argumente ebenfalls transformiert werden, d. h. x' steht für $x'^\mu = \Lambda^\mu{}_\nu x^\nu$. Für die partiellen Ableitungen, welche auf Felder wirken können, schreiben wir verkürzt zu

$$\partial_\mu \equiv \frac{\partial}{\partial x^\mu} = \left(\frac{\partial}{\partial (ct)}, \nabla \right) \quad \text{und} \quad \partial^\mu = \eta^{\mu\nu} \partial_\nu = \left(\frac{\partial}{\partial (ct)}, -\nabla \right). \tag{3.71}$$

Die Stellung der Indizes liegt darin begründet, dass sich ∂_μ wie ein kovarianter Vektor, d. h. wie ein Kovektor, und ∂^μ wie ein kontravarianter Vektor transformiert.[26]

3.3 Folgerungen der SRT

Im Folgenden werden die wichtigsten Ergebnisse der SRT, die unmittelbar aus den Lorentz-Transformationen folgen, vorgestellt. Insbesondere für das Verständnis der

---

[25] Wir verwenden ab hier daher wieder die griechischen Indizes, z. B. μ, ν, ρ, σ.
[26] Eine Begründung hierfür findet sich in [Fli16, S. 24].

ART sind die physikalischen Konsequenzen, die sich bereits aus der SRT ergeben, wichtig. Der mathematische Apparat, den wir in den vorherigen Abschnitten entwickelt haben, wird hierbei nicht vollständig ausgeschöpft. Relevante Operationen, wie z. B. Kontraktionen, führen wir in einem gewählten Koordinatensystem, d. h. in Indexschreibweise, durch. Für die physikalischen Anwendungen ist dies hier zielführender. Mit den letzten Abschnitten sind wir allerdings in der Lage, die auftretenden Begriffe in einen größeren mathematischen Kontext einzuordnen. Insbesondere in den Kapiteln zur Differentialgeometrie wird sich der tatsächliche Nutzen dieses tieferen Verständnisses zeigen – vor allem hinsichtlich des Tensorbegriffs. Dieser Abschnitt hat außerdem zusammenfassenden Charakter, d. h. es wurde auf ausführliche Herleitungen verzichtet. Hierzu sei auf die Lehrbücher [Fli20], [Mei19] und [Göb16] verwiesen.

Zeitdilatation
Gleichzeitigkeit ist in der SRT kein absoluter Begriff mehr. Zeitmessungen in unterschiedlichen Inertialsystemen IS und IS' sind daher nicht immer identisch. Betrachten wir eine Uhr, die in IS' ruht und sich relativ zu einem anderen IS mit einer konstanten Geschwindigkeit v bewegt. Nehmen wir an, in dem bewegten IS' wird die Zeit $t' > 0$ gemessen. Dann misst ein Beobachter in IS die Zeit

$$t = \frac{t'}{\sqrt{1 - (v/c)^2}} = \gamma t'. \qquad (3.72)$$

Wegen $\gamma > 1$ gilt $t > t'$. Die bewegte Uhr läuft also langsamer als die ruhende Uhr in IS, d. h. die bewegte Uhr geht nach. Dieses Ergebnis nennt man *Zeitdilatation*.

Eigenzeit
Die Anzeige einer sich bewegenden Uhr muss offensichtlich für jeden Beobachter gleich sein, d. h. unabhängig vom Bezugssystem. Jeder Beobachter kann die Anzeige der bewegten Uhr, die wir *Eigenzeit* τ nennen, in seinem speziellen IS berechnen. Betrachten wir dazu eine Uhr, die sich relativ zu einem IS mit der Geschwindigkeit $v(t)$ bewegt. Da die Geschwindigkeit nun nicht konstant ist, können wir kein IS' angeben, in dem die bewegte Uhr ruht. Daher betrachten wir zu einem bestimmten Zeitpunkt $t = t_0$ ein IS', das sich mit konstanter Geschwindigkeit $v_0 = v(t_0)$ relativ zu IS bewegt. In einem infinitesimalen Zeitintervall $[t_0, t_0 + dt]$ ruht die bewegte Uhr in IS', sodass diese die gleiche Zeit wie in IS' ruhende Uhren anzeigt:

$$d\tau = dt' \overset{(3.72)}{=} \sqrt{1 - \left(\frac{v_0}{c}\right)^2} dt. \tag{3.73}$$

Mit dieser Überlegung zerlegen wir die Zeitspanne $t_2 - t_1$ zwischen zwei Ereignissen 1 und 2 zum Zeitpunkt t_1 und $t_2 > t_1$ in infinitesimal kleine Zeitintervalle. Die Summation liefert dann die Eigenzeit

$$\tau = \int_{t_1}^{t_2} \sqrt{1 - \left(\frac{v(t)}{c}\right)^2} dt. \tag{3.74}$$

Die Größen t_1, t_2 und $v(t)$ hängen dabei vom speziellen IS ab, wohingegen die Eigenzeit τ unabhängig vom IS ist. Dies sieht man auch, wenn wir die Eigenzeit mittels des Wegelements in Gl. (3.8) schreiben und $dx' = dy' = dz' = 0$ verwenden:

$$d\tau = \frac{ds}{c}. \tag{3.75}$$

Längenkontraktion
Ein ähnlicher Effekt wie bei der Zeitmessung lässt sich auch bei der Längenmessung feststellen. Misst ein ruhender Beobachter die Länge eines sich relativ zu ihm bewegenden Stabs, erscheint ihm dieser scheinbar verkürzt. Betrachten wir dazu in einem IS einen ruhenden Stab der Länge l_0. Diese Größe ist vom IS unabhängig und wird in Analogie zur Eigenzeit als *Eigenlänge* bezeichnet. Nun bewege sich dieser Stab der Eigenlänge l_0 mit konstanter Geschwindigkeit v relativ zu IS. Ein ruhender Beobachter in IS misst dann für den Stab die Länge

$$l = l_0 \sqrt{1 - \left(\frac{v}{c}\right)^2} = \frac{l_0}{\gamma} \tag{3.76}$$

mit $l < l_0$. Diesen Effekt nennt man *Längenkontraktion*.

3.3.1 Relativistische Mechanik

Es liegt nahe, die bekannten Newton'schen Gleichungen nun auf den relativistischen Fall zu verallgemeinern. Die relativistischen Gleichungen müssen dann im momentan mitbewegten Inertialsystem IS', in dem das bewegte Teilchen ruht ($v' = 0$), in den Newton'schen Grenzfall übergehen.

Für eine nach der Eigenzeit τ parametrisierte Bahnkurve $x^\mu = x^\mu(\tau)$ eines Massenpunkts ergibt sich die Vierergeschwindigkeit

$$(u^\mu) = \frac{dx^\mu}{d\tau}. \tag{3.77}$$

Ausgedrückt in Raum- und Zeitkomponenten lässt sich die Vierergeschwindigkeit mit Gl. (3.73) und der Geschwindigkeit $\boldsymbol{v}$ schreiben zu

$$(u^\mu) = \gamma \frac{dx^\mu}{dt} = \gamma(c, \boldsymbol{v}). \tag{3.78}$$

Mit $(u_\mu) = (\eta_{\mu\nu}u^\nu) = \gamma(c, -\boldsymbol{v})$ liefert die Kontraktion $u^\mu u_\mu$ einen Lorentz-Skalar:

$$\boldsymbol{u}^2 := u^\mu u_\mu = \gamma^2 c^2 - \gamma^2 \boldsymbol{v}^2 = \gamma^2(c^2 - \boldsymbol{v}^2) = \frac{c^2 - \boldsymbol{v}^2}{1 - (v^2/c^2)} = c^2 > 0. \tag{3.79}$$

Da in jedem Fall $\boldsymbol{u}^2 = \langle \boldsymbol{u}, \boldsymbol{u} \rangle = c^2 > 0$ gilt, ist die Vierergeschwindigkeit ein zeitartiger Vektor. Die Verallgemeinerung der Newton'schen Bewegungsgleichung erreichen wir durch die Einführung der Minkowski-Kraft

$$(F^\mu) = m\frac{d^2 x^\mu}{d\tau^2} = \frac{dp^\mu}{d\tau}. \tag{3.80}$$

Dabei ist m die *Ruhemasse* im momentan ruhenden Inertialsystem und p^μ der Vierer-impuls

$$(p^\mu) = mu^\mu = m\frac{dx^\mu}{d\tau} \overset{(3.73)}{=} \left(\frac{mc}{\sqrt{1 - (v/c)^2}}, \frac{m\boldsymbol{v}}{\sqrt{1 - (v/c)^2}} \right) = \gamma m(c, \boldsymbol{v}). \tag{3.81}$$

Im momentanen Ruhesystem IS' nimmt die Minkowski-Kraft die bekannte Newton'sche Form an

$$(F'^\mu) = (F'^0, \boldsymbol{F}') = (0, \boldsymbol{F}_\mathrm{N}). \tag{3.82}$$

Wir überführen nun mittels Lorentz-Transformation die Kraft in ein IS, das sich mit $-\boldsymbol{v} = -v^1 \boldsymbol{e}_1$ gegenüber IS' bewegt:

$$F^\mu = \Lambda^\mu{}_\nu F'^\nu. \tag{3.83}$$

Wir erhalten

$$\begin{pmatrix} F^0 \\ F^1 \\ F^2 \\ F^3 \end{pmatrix} = \begin{pmatrix} \gamma & -\gamma\beta & 0 & 0 \\ -\gamma\beta & \gamma & 0 & 0 \\ 0 & 0 & 1 & 0 \\ 0 & 0 & 0 & 1 \end{pmatrix} \begin{pmatrix} 0 \\ F_N^1 \\ F_N^2 \\ F_N^3 \end{pmatrix} = \begin{pmatrix} \gamma(F_N^1 \cdot v^1)/c \\ \gamma F_N^1 \\ F_N^2 \\ F_N^3 \end{pmatrix}. \tag{3.84}$$

Allgemein für eine beliebige Richtung der Geschwindigkeit v lautet die Minkowski-Kraft dann

$$(F^\mu) = (F^0, F) = \left(\gamma \frac{F_N \cdot v}{c}, \ \gamma F_{N\parallel} + F_{N\perp} \right), \tag{3.85}$$

wobei die Newton'sche Kraft $F_N = F_{N\parallel} + F_{N\perp}$ in einen parallelen und senkrechten Teil zur Bewegungsrichtung aufgespalten wird und nur der parallele Anteil, wie in Gl. (3.84), den Vorfaktor γ erhält.

Der Viererimpuls lässt sich auch schreiben als

$$(p^\mu) = \left(\frac{E}{c}, p \right) \tag{3.86}$$

mit der relativistischen Energie E und dem relativistischen Impuls p:

$$E = \gamma m c^2 \quad \text{und} \quad p = \gamma m v. \tag{3.87}$$

Mit $(p_\mu) = (\eta_{\mu\nu} p^\nu) = (E/c, -p)$ liefert die Kontraktion $p^\mu p_\mu$ einen Lorentz-Skalar:

$$p^\mu p_\mu = \frac{E^2}{c^2} - p^2 \stackrel{(3.87)}{=} (\gamma mc)^2 - (\gamma m v)^2$$

$$= \gamma^2 m^2 (c^2 - v^2) = \frac{m^2(c^2 - v^2)}{1 - (v^2/c^2)} = m^2 c^2. \tag{3.88}$$

Durch Umstellen der Gl. (3.88) erhalten wir die *Energie-Impuls-Relation*

$$E^2 = m^2 c^4 + c^2 p^2. \tag{3.89}$$

Ein berühmtes Ergebnis der SRT ist die Äquivalenz von Energie und Masse. Die Energie E eines Teilchens lässt sich aufteilen in die Ruheenergie

$$E_0 = mc^2 \tag{3.90}$$

und die kinetische Energie $E_{\text{kin}} = E - E_0 = E - mc^2$. Hierbei bezeichnet m die Ruhemasse des Teilchens. Dem gegenüber steht die *relativistische Masse*

$$m_{\text{rel}}(\boldsymbol{v}) := m\gamma = \frac{m}{\sqrt{1 - (v/c)^2}}, \tag{3.91}$$

welche mit zunehmender Geschwindigkeit die größer werdende Trägheit des Teilchens beschreibt. In einem abgeschlossenen System ist die Gesamtenergie erhalten, die Ruheenergie und kinetische Energie für sich genommen allerdings nicht. Die Energieformen können nur gemäß der *Energie-Masse-Äquivalenz* ineinander umgewandelt werden, d. h.

$$\Delta E = \Delta mc^2. \tag{3.92}$$

3.3.2 Kovariante Formulierung der Maxwell-Gleichungen

Da wir in der SRT die Konstanz der Lichtgeschwindigkeit postuliert haben, liegt es nahe, die Maxwell-Gleichungen in eine Lorentz-invariante Form zu bringen. Die kovariante Schreibweise der Maxwell-Gleichungen lässt sich erreichen, indem wir diese als Beziehung von Vierervektoren bzw. Tensoren schreiben. Dann haben die Gleichungen in allen IS die gleiche Form. In den Maxwell'schen Feldgleichungen

$$\nabla \cdot \boldsymbol{E} = 4\pi \rho_e, \qquad \nabla \times \boldsymbol{B} = \frac{4\pi}{c}\boldsymbol{j} + \frac{1}{c}\frac{\partial \boldsymbol{E}}{\partial t}, \tag{3.93}$$

$$\nabla \times \boldsymbol{E} = -\frac{1}{c}\frac{\partial \boldsymbol{B}}{\partial t}, \qquad \nabla \cdot \boldsymbol{B} = 0 \tag{3.94}$$

sind die zeitabhängige Ladungsdichte $\rho_e(\boldsymbol{r}, t)$ und Stromdichte $\boldsymbol{j}(\boldsymbol{r}, t)$ die Quellen des elektrischen Felds $\boldsymbol{E}(\boldsymbol{r}, t)$ und magnetischen Felds $\boldsymbol{B}(\boldsymbol{r}, t)$. Mit den Potentialen $\phi_e(\boldsymbol{r}, t)$ und $\boldsymbol{A}(\boldsymbol{r}, t)$ sind die Felder $\boldsymbol{E}$ und $\boldsymbol{B}$ durch

$$\boldsymbol{E} = -\nabla\phi_e - \frac{\partial \boldsymbol{A}}{\partial t} \quad \text{und} \quad \boldsymbol{B} = \nabla \times \boldsymbol{A} \tag{3.95}$$

verknüpft. Für Eichungen, welche die Lorenz-Bedingung[27]

$$\nabla \cdot A + \frac{1}{c^2} \frac{\partial \phi_e}{\partial t} = 0 \qquad (3.96)$$

erfüllen, lassen sich die Maxwell-Gleichungen entkoppeln und wir erhalten die zu Gl. (3.93) und Gl. (3.94) äquivalente Schreibweise

$$\Delta \phi_e - \frac{1}{c^2} \frac{\partial^2 \phi_e}{\partial t^2} = -4\pi \rho_e \quad \text{und} \quad \Delta A - \frac{1}{c^2} \frac{\partial^2 A}{\partial t^2} = -\frac{4\pi}{c} j. \qquad (3.97)$$

Indem wir den Viererstrom (j^μ) und das Viererpotential (A^μ) definieren durch

$$(j^\mu) = (c\rho_e, j) \quad \text{und} \quad (A^\mu) = (\phi_e, A), \qquad (3.98)$$

lassen sich die Feldgleichungen kompakt schreiben als

$$\Box A^\mu = \frac{4\pi}{c} j^\mu \qquad (3.99)$$

mit dem d'Alembert-Operator

$$\Box := \frac{1}{c^2} \frac{\partial^2}{\partial t^2} - \Delta. \qquad (3.100)$$

Da (A^μ) und (j^μ) Vierervektoren sind, ist die Feldgleichung (3.99) kovariant. Eine kovariante Gleichung für die Felder können wir angeben, indem wir den elektromagnetischen Feldstärketensor

$$(F^{\mu\nu}) = (\partial^\mu A^\nu - \partial^\nu A^\mu) = \begin{pmatrix} 0 & -E_x & -E_y & -E_z \\ E_x & 0 & -B_z & B_y \\ E_y & B_z & 0 & -B_x \\ E_z & -B_y & B_x & 0 \end{pmatrix} \qquad (3.101)$$

einführen. Damit lassen sich die inhomogenen Maxwell-Gleichungen (3.93) schreiben als

$$\partial_\mu F^{\mu\nu} = \frac{4\pi}{c} j^\nu. \qquad (3.102)$$

---

[27] Benannt nach dem dänischen Physiker Ludvig Lorenz (1829–1891).

Mithilfe des Satzes von Schwarz impliziert Gl. (3.102) insbesondere die Kontinuitätsgleichung

$$\partial_\mu j^\mu = 0. \tag{3.103}$$

Mit dem Feldstärketensor in kovarianter Form $F_{\mu\nu} = \eta_{\mu\rho}\eta_{\nu\sigma} F^{\rho\sigma}$ lassen sich die homogenen Maxwell-Gleichungen (3.94) schreiben als[28]

$$\partial_\mu F_{\nu\rho} + \partial_\nu F_{\rho\mu} + \partial_\rho F_{\mu\nu} = 0. \tag{3.104}$$

---

[28] Eine alternative Formulierung der homogenen Maxwell-Gleichungen gelingt über den dualen Feldstärketensor $\tilde{F}^{\mu\nu} = -\frac{1}{2}\epsilon^{\mu\nu\rho\sigma} F_{\rho\sigma}$ mit $\epsilon_{0123} = 1$. Diese lassen sich dann schreiben als $\partial_\mu \tilde{F}^{\mu\nu} = 0$. Siehe [Sch10, S. 155].

Grundideen der Allgemeinen Relativitätstheorie

4

Nachdem wir die Grundzüge der Newton'schen Gravitationstheorie und der Speziellen Relativitätstheorie wiederholt haben, steht uns die Tür zur Allgemeinen Relativitätstheorie offen. Wir werden in diesem Kapitel die physikalischen Grundideen formulieren, die Einstein zu einer Verallgemeinerung der SRT führten. In einem ersten Schritt machen wir uns noch einmal die Analogie zur Elektrodynamik deutlich und erhalten damit eine erste Idee für die Form eines relativistischen Gravitationsgesetzes. Mit dem Äquivalenzprinzip gelang Einstein der Durchbruch zur ART. Für die Raumzeit ergeben sich daraus einige grundlegende Veränderungen, die wir heuristisch diskutieren. Am Ende des Kapitels wird außerdem deutlich, warum wir uns in den folgenden beiden Kapiteln der Differentialgeometrie und insbesondere der Riemann'schen Geometrie widmen. Die Darstellung der Inhalte orientiert sich an [Reb12], [Fli16] und [Ryd09].

4.1   Analogie zur Elektrodynamik

Bereits in Tabelle 2.1 wurde die mathematisch ähnliche Struktur der Gravitation und der Elektrostatik aufgezeigt. Nach dem Vorbild des Übergangs von der Elektrostatik zur Elektrodynamik wollen wir untersuchen, wie eine ähnliche Verallgemeinerung für die Gravitation aussehen würde und welche Schwierigkeiten dabei auftreten. Bei der Umschreibung der Maxwell-Gleichungen in eine kovariante Form haben wir die Feldgleichung in der Elektrodynamik hergeleitet. Den Übergang von der Elektrostatik zur relativistischen Verallgemeinerung der Feldgleichung können wir damit durch

$$\Delta\phi_e = -4\pi\rho_e \quad \longrightarrow \quad \Box A^\mu = \frac{4\pi}{c}j^\mu \qquad (4.1)$$

ausdrücken. An die Stelle des Laplace-Operators Δ tritt der Lorentz-invariante d'Alem-bert-Operator $\Box$, der berücksichtigt, dass sich Änderungen des Felds nur mit Lichtgeschwindigkeit c fortpflanzen. Die verallgemeinerte Feldgleichung ist damit kein Fernwirkungsgesetz. Die Ladungsdichte $\rho_e = \Delta q / \Delta V$ wurde beim Übergang durch den Viererstrom j^μ ersetzt. Analog dazu tritt an die Stelle des Potentials ϕ_e das Viererpotential A^μ. Diese Überlegungen wollen wir nun auf die Feldgleichung der Gravitation

$$\Delta \phi = 4\pi G \rho \tag{4.2}$$

übertragen. Zunächst können wir analog die Ersetzung des Laplace-Operators durch den d'Alembert-Operator vornehmen. Bei der Verallgemeinerung der Massendichte ρ ergibt sich allerdings ein wesentlicher Unterschied. Die Ladung ändert sich bei der Bewegung eines Teilchens nicht und ist ein Lorentz-Skalar. Die Ladungsdichte transformiert sich daher wie die 0-Komponente eines Lorentz-Vektors, des Viererstroms j^μ (siehe Gl. (3.98)).[1] Die in Gl. (3.91) diskutierte Masse des Teilchens ist hingegen abhängig von der Bewegung.[2] Führen wir zunächst die zu ρ_e analoge *Energie-Massendichte* ρ ein. Da die Energie selbst nach Gl. (3.86) die 0-Komponente des Viererimpuls p^μ ist, transformiert sich die Energie-Massendichte wie die 00-Komponente eines Lorentz-Tensors. Diesen Tensor, den man *Energie-Impuls-Tensor* $T^{\mu\nu}$ nennt, werden wir später in Abschnitt *7.2 Energie-Impuls-Tensor* noch einmal genauer diskutieren. Wir ersetzen daher auf der rechten Seite der Gl. (4.2) die Massendichte ρ durch den Energie-Impuls-Tensor $T^{\mu\nu}$.

Diese Ersetzung motiviert auch die Verallgemeinerung des Gravitationspotentials als ϕ auf der linken Seite der Feldgleichung zu einer zweifach indizierten Größe $g^{\mu\nu}$, die wir später als metrischen Tensor genauer behandeln werden. In der ART hat diese Größe eine fundamentale Bedeutung. Die analoge Verallgemeinerung der Feldgleichung (4.2) führt damit auf eine erste Idee eines relativistischen Gravitationsgesetzes:

$$\Box g^{\mu\nu} \sim G\, T^{\mu\nu}. \tag{4.3}$$

Ein grundlegender Unterschied zur Elektrodynamik kommt durch die Energie-Masse-Äquivalenz hinzu. Das Gravitationsfeld ist Träger von Energie und stellt

---

[1] Das Volumenelement in der Ladungsdichte $\rho_e = \Delta q / \Delta V$ erhält wegen der Längenkontraktion einen Faktor γ.

[2] An dieser Stelle sei noch einmal darauf hingewiesen, dass hier die relativistische, „bewegte" Masse gemeint ist. Die Ruhemasse des Teilchens ist hingegen wie die Ladung ein Lorentz-Skalar.

damit selbst eine Quelle des Felds dar, während die elektromagnetischen Felder selbst keine Ladung tragen. Das äußert sich, wie wir später sehen werden, in der Nichtlinearität der Feldgleichungen.

4.2 Äquivalenzprinzip

Den Grundpfeiler für die Entwicklung der ART stellt das Äquivalenzprinzip dar. Einstein selbst bezeichnete es als *„den glücklichsten Gedanken seines Lebens"*.[3] Den Ausgangspunkt für Einsteins Überlegungen bildeten dabei die Erkenntnisse Galileis zu frei fallenden Körpern. Galilei folgerte aus einer Reihe von Fallexperimenten, dass im Gravitationsfeld alle Körper gleich schnell fallen. Dieses grundlegende Ergebnis verallgemeinerte Einstein und wir wollen es im Folgenden mithilfe eines Gedankenexperiments, der Einstein-Box, genauer untersuchen. Stellen wir uns dazu eine Box vor, die im Gravitationsfeld g der Erde ruht. Dazu platzieren wir die Box zum Beispiel auf der Erdoberfläche. Zwei unterschiedliche Objekte, die ein Beobachter innerhalb der Box zur gleichen Zeit fallen lässt, treffen wie bei Galilei gleichzeitig auf dem Boden auf. Platzieren wir nun die Box an einen Ort im freien Raum fernab von gravitativen Einflüssen und unterwerfen sie einer nach oben gerichteten konstanten Beschleunigung a. Auch hier führt der Beobachter in der Box das gleiche Experiment durch und lässt zwei Objekte fallen. Von außen betrachtet ruhen die beiden Objekte aufgrund der Kräftefreiheit. Im beschleunigten Bezugssystem der Box hingegen stellt der Beobachter das gleiche Ergebnis wie auf der Erde fest: Die Objekte treffen gleichzeitig auf dem Boden auf. Es lässt sich also zusammenfassen: Für den Beobachter in der Box ist es nicht möglich zu entscheiden, ob er sich im Gravitationsfeld befindet oder einer konstanten Beschleunigung im freien Raum ausgesetzt ist. Das Bezugssystem der ruhenden Box auf der Erdoberfläche ist dem beschleunigten Bezugssystem im freien Raum gleichberechtigt, d. h. alle Experimente in diesen beiden Bezugssystemen führen zu den gleichen Ergebnissen.

Eine wichtige Konsequenz, die aus dem Gedankenexperiment folgt, ist die Gleichheit von träger und schwerer Masse, die wir bereits bei der Formulierung der Newton'schen Bewegungsgleichung (2.6) angenommen haben. Dabei ist es wichtig zu verstehen, dass es sich a priori um völlig unterschiedliche Massenkonzepte handelt. Während im zweiten Newton'schen Gesetz die träge Masse ein Maß für

---

[3] Einstein schreibt diese Worte in einem nie veröffentlichten Manuskript unter dem Titel *„Grundgedanken und Methoden der Relativitätstheorie in ihrer Entwicklung dargestellt"*. Diese Arbeit ist zum Teil in [Pai86, S. 175] abgedruckt und Einsteins Zitat wurde dort entnommen.

die Trägheit eines Körpers ist, die überwunden werden muss, misst die schwere Masse die gravitative Anziehung des Körpers. Für einen frei fallenden Körper im Gravitationsfeld können wir nun beide Konzepte anwenden, sodass gilt:

$$m_t a = m_s g \quad \Longleftrightarrow \quad a = \frac{m_s}{m_t} g. \tag{4.4}$$

Galileis Erkenntnisse aus den Fallexperimenten implizieren, dass der Quotient m_s/m_t für alle Körper gleich ist. Indem man $m_s/m_t = 1$ setzt, erhalten wir eine schwache Formulierung des Äquivalenzprinzips.

Schwaches Äquivalenzprinzip: Schwere und träge Masse sind gleich, es gilt also $m_s = m_t$.

Das schwache Äquivalenzprinzip gilt als experimentell hinreichend bestätigt. Mithilfe einer Torsionswaage konnte bereits Eötvös[4] im Jahr 1909 die Gleichheit von schwerer und träger Masse mit einer Genauigkeit von $< 10^{-9}$ zeigen. Im Rahmen der europäischen Weltraummission MICROSCOPE bestimmte 2017 ein Forscherteam die Abweichung von schwerer und träger Masse auf eine Größenordnung von $< 10^{-14}$.[5]

Mit Einsteins Gedankenexperiment und der daraus abgeleiteten Gleichheit von schwerer und träger Masse können wir außerdem schließen, dass ein beschleunigtes Bezugssystem zu einem Gravitationsfeld äquivalent ist. Folgt man dieser Annahme, würden sich Schwerefelder durch eine geeignete Koordinatentransformation in ein beschleunigtes Koordinatensystem eliminieren lassen. Demonstrieren wir dies an einem einfachen Beispiel und betrachten die ruhende Einstein-Box im Schwerefeld der Erde. Dabei gilt die Bewegungsgleichung

$$m_t \frac{d^2 r}{dt^2} = m_s g. \tag{4.5}$$

Durch eine Koordinatentransformation

$$r = r' + \frac{1}{2} g t'^2, \quad t = t' \tag{4.6}$$

---

[4] Roland von Eötvös (1848–1919) war ein ungarischer Geophysiker.

[5] Siehe [Wil18, S. 20 f.]. Dort finden sich auch Informationen über den Aufbau einer Torsionswaage und über weitere Tests des schwachen Äquivalenzprinzips.

erhalten wir den Übergang in ein beschleunigtes Koordinatensystem (KS), dessen Ursprung sich mit $gt^2/2$ gegenüber dem Bezugssystem der ruhenden Einstein-Box bewegt. Wir können das KS als frei fallende Einstein-Box auffassen. Einsetzen von Gl. (4.6) in Gl. (4.5) liefert

$$m_t \frac{d^2 \boldsymbol{r}}{dt^2} = m_t \frac{d^2}{dt'^2}(\boldsymbol{r}' + \frac{1}{2}g t'^2) = m_t \frac{d^2 \boldsymbol{r}'}{dt'^2} + m_t \boldsymbol{g}. \tag{4.7}$$

Nach Umstellen ergibt sich mit der Gleichheit von schwerer und träger Masse die Bewegungsgleichung des KS zu

$$m_t \frac{d^2 \boldsymbol{r}'}{dt'^2} = m_s \boldsymbol{g} - m_t \boldsymbol{g} = (m_s - m_t)\boldsymbol{g} = 0. \tag{4.8}$$

Ein Beobachter im KS der frei fallenden Einstein-Box spürt somit keine Gravitationskraft. Ausgehend von einer Verallgemeinerung dieser Erkenntnisse postuliert Einstein:

Einstein'sches (starkes) Äquivalenzprinzip: In einem frei fallenden KS laufen alle Vorgänge so ab, als ob kein Gravitationsfeld vorhanden sei.[6]

In einer Fußnote bemerkt Einstein allerdings:

„Natürlich kann man ein beliebiges Schwerefeld nicht durch einen Bewegungszustand des Systems ohne Gravitationsfeld ersetzen [...].“[7]

Nicht alle Schwerefelder entsprechen demnach einem beschleunigten Koordinatensystem, wie man sich durch folgende Überlegungen deutlich macht.[8] Das Gravitationsfeld eines massiven Körpers hat die Eigenschaft, dass es im Unendlichen verschwindet. Scheinkräfte im beschleunigten Koordinatensystem wachsen hingegen an, wie z. B. die Zentrifugalkraft im rotierenden System, oder bleiben konstant.[9]

---

[6] Siehe [Fli16, S. 50].

[7] Siehe Fußnote 1 in [Ein11, S. 899].

[8] Die Aussage lässt sich auch umkehren, d. h. nicht jedes beschleunigte System entspricht einem Gravitationsfeld.

[9] Siehe hierzu auch [Sch15, S. 417].

Außerdem sind wir in dem vorherigen Beispiel von einem homogenen und zeitunabhängigen Gravitationsfeld ausgegangen. Inhomogene und zeitabhängige Gravitationsfelder hingegen lassen sich nicht durch ein globales frei fallendes Koordinatensystem derart kompensieren. Wir müssen daher das frei fallende System auf einen hinreichend kleinen, lokalen Raum- und Zeitbereich einschränken, sodass wir die Inhomogenität des Gravitationsfelds vernachlässigen können. Ein um die Erde kreisendes Satellitenlabor lässt sich anschaulich als ein solches frei fallendes System identifizieren. Videos aus Satellitenlaboren zeigen eindrücklich die scheinbare Abwesenheit von Gravitationskräften. Alle Bewegungen laufen so ab, als wäre kein Gravitationsfeld vorhanden. Wir bezeichnen ein solches Bezugssystem als *Lokales Intertialsystem* (*Lokales IS*). Von außen betrachtet ist klar, dass es sich nicht tatsächlich um ein Inertialsystem handelt, da das Satellitenlabor gegenüber dem Fixsternhimmel beschleunigt ist. Innerhalb des Lokalen IS machen sich aber keine Effekte der Gravitation bemerkbar, sodass hier die physikalischen Gesetze ohne Gravitation – also die Gesetze der SRT – gelten. Wir erhalten damit eine zweite gleichberechtigte Formulierung des Einstein'schen Äquivalenzprinzips.

Einstein'sches Äquivalenzprinzip: Im Lokalen Inertialsystem gelten die Gesetze der SRT ohne Gravitation.[10]

Diese Formulierung des Äquivalenzprinzips bedeutet, dass sich die Gravitationskräfte mittels einer Koordinatentransformation in ein Lokales IS „wegtransformieren" lassen. Exakt gilt das aber nur für einen Punkt p des Gravitationsfelds, der sich physikalisch als Schwerpunkt eines solchen Lokalen IS identifizieren lässt. Daher gelten die Gesetze der SRT in einem Lokalen IS bzw. in einer Umgebung um den Punkt p nur näherungsweise. Wir werden den Begriff des Lokalen IS im nächsten Kapitel noch einmal aufgreifen und mathematisch präzisieren. Dieses Vorgehen erlaubt uns zudem die Aufstellung von Gesetzen mit Gravitation. Mittels einer Koordinatentransformation in ein beschleunigtes Bezugssystem KS lässt sich ausgehend von den Gesetzten der SRT ein relativistisches Gesetz aufstellen. Die relative Beschleunigung zwischen dem Lokalen IS und KS, die der Gravitationskraft entspricht, ist dabei in der Koordinatentransformation enthalten.

Gleichzeitig erfordert der Übergang vom Lokalen IS zu einem KS eine mathematische Verallgemeinerung des Minkowski-Raums. Um das schon an dieser Stelle

---

[10] Siehe [Fli16, S. 51].

einzusehen, machen wir ausgehend vom Äquivalenzprinzip die folgenden heuristi-
schen Überlegungen. Führen wir hierzu *lokale Inertialkoordinaten* ξ^α im Lokalen
IS ein.[11] Nach dem Äquivalenzprinzip gilt dort das bereits bekannte Wegelement

$$ds^2 = \eta_{\alpha\beta}\, d\xi^\alpha d\xi^\beta. \tag{4.9}$$

Betrachten wir nun eine Koordinatentransformation nach KS mit den Koordinaten
x^μ durch

$$\xi^\alpha = \xi^\alpha(x^0, x^1, x^2, x^3). \tag{4.10}$$

Einsetzen von Gl. (4.10) in Gl. (4.9) liefert

$$ds^2 = \eta_{\alpha\beta}\, d\xi^\alpha d\xi^\beta = \eta_{\alpha\beta}\frac{\partial\xi^\alpha}{\partial x^\mu}dx^\mu\frac{\partial\xi^\beta}{\partial x^\nu}dx^\nu = \eta_{\alpha\beta}\frac{\partial\xi^\alpha}{\partial x^\mu}\frac{\partial\xi^\beta}{\partial x^\nu}dx^\mu dx^\nu. \tag{4.11}$$

Wir erhalten damit das Wegelement

$$ds^2 = g_{\mu\nu}(x)dx^\mu dx^\nu, \tag{4.12}$$

mit dem *metrischen Tensor*

$$g_{\mu\nu}(x) = \eta_{\alpha\beta}\frac{\partial\xi^\alpha}{\partial x^\mu}\frac{\partial\xi^\beta}{\partial x^\nu}. \tag{4.13}$$

Man sieht, dass in KS der metrische Tensor nicht mehr die aus dem Minkowski-
Raum bekannte Form annimmt, sondern koordinatenabhängig wird. Dies zieht eine
Veränderung der Raumzeit-Geometrie mit sich, denn in der ART bestimmt der metrische Tensor $g_{\mu\nu}$ die Raumzeit. Im nächsten Kapitel wird eine weitere Konsequenz
für die Raumzeit der ART deutlich, die sich ebenfalls aus dem Äquivalenzprinzip
folgern lässt.

---

[11] An dieser Stelle nennen wir die Koordinaten im Lokalen IS einfach *lokale Inertialkoordinaten*. Was wir genau darunter verstehen, wird im Abschnitt *6.2.1 Exponentialabbildung*
deutlich.

4.3   Gravitation und die Krümmung des Raums

Mit dem Äquivalenzprinzip lassen sich Gravitation und Beschleunigung als gleich-berechtigt ansehen. Das hat weitreichende Konsequenzen für die Raumzeit, wie das folgende Gedankenexperiment illustrativ zeigt.[12]

Betrachten wir eine Drehscheibe mit Radius r, die zunächst in Ruhe sei. Mit einem Maßstab können wir den Umfang zu $U = 2\pi r$ bestimmen. Versetzen wir die Drehscheibe in Bewegung, wirkt aufgrund der Zentripetalkraft eine Beschleunigung auf die Drehscheibe. Die tangentiale Bahngeschwindigkeit v ist bei konstanter Winkelgeschwindigkeit ω vom Radius r abhängig und bewirkt mit den Gesetzen der SRT eine Längenkontraktion in Richtung v. Es erfolgt also eine Verkürzung in tangentialer Richtung, während die radiale Komponente unverändert bleibt. Eine erneute Messung würde daher bei gleichem Radius r einen verkürzten Umfang $U < 2\pi r$ ergeben. Anschaulich ist klar, dass dies nur der Fall sein kann, wenn die Drehscheibe gekrümmt ist. Damit lässt sich festhalten, dass sich die Geome-trie der Drehscheibe infolge der Beschleunigung geändert hat. In Verbindung mit dem Äquivalenzprinzip entspricht dies der Aussage, dass die Gravitation den Raum krümmt.

Während bei Newton eine Masse ein Gravitationspotential hervorruft, das eine Kraft auf eine andere Masse ausübt, kommt Einstein ohne einen Kraftbegriff aus und versteht die Gravitation als eine geometrische Krümmung der Raumzeit. Es stellt sich daher die Frage, wie sich die Krümmung mathematisch beschreiben und messen lässt.

4.3.1   Messmethoden der Krümmung

Wenn wir uns zweidimensionale Flächen eingebettet in den dreidimensionalen Raum vorstellen, erkennen wir eine Krümmung der Fläche sofort. Offensichtlich ist es uns aber unmöglich, den dreidimensionalen Raum als Einbettung in einen höherdimensionalen Raum zu betrachten. Wie lässt sich daher die Krümmung einer zweidimensionalen Fläche beschreiben, ohne deren Einbettung in den dreidimen-sionalen Raum zu kennen? Oder anders gefragt: Wie könnte ein zweidimensiona-les Lebewesen auf der betrachteten Fläche entscheiden, ob diese gekrümmt ist? Gauß entwickelte auf diese Frage das Konzept der *inneren Geometrie*, in der er die Beschreibung von Flächen auf Messungen von Eigenschaften innerhalb der Fläche zurückführte, wie z. B. Längen- oder Winkelmessungen. Betrachten wir dazu die in

---

[12] Die Idee des Gedankenexperiments ist [Göb16, S. 45 f.] entnommen.

Abb. 4.1 dargestellten Flächen und zeichnen jeweils einen Kreis mit Radius r. Eine Messung des Kreisumfangs würde auf der flachen Ebene bekanntlich $U = 2\pi r$ liefern. Auf einer gekrümmten Fläche erhalten wir hingegen ein anderes Ergebnis. Wie das obige Gedankenexperiment gezeigt hat, würde die Umfangsmessung auf der Sphäre $U < 2\pi r$ ergeben, auf der Sattelfläche würden wir hingegen $U > 2\pi r$ erhalten.

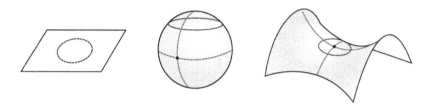

Abbildung 4.1 Flächen mit unterschiedlicher Krümmung: Ebene ($K = 0$), Sphäre ($K > 0$) und Sattelfläche ($K < 0$). Eigene Darstellung (angelehnt an [Ryd09, S. 14])

Zur Bestimmung von Längen und Abständen wird in der *Gauß'schen Flächentheorie* die *erste Fundamentalform* verwendet. Betrachten wir dazu eine in den Euklidischen Raum $\mathbb{R}^3$ eingebettete Fläche $S \subset \mathbb{R}^3$, die für $U \subseteq \mathbb{R}^2$ durch die Parametrisierung

$$f : U \to \mathbb{R}^3, \ (u, v) \mapsto f(u, v) \in S \tag{4.14}$$

beschrieben werden kann. Die erste Fundamentalform lässt sich dann ausdrücken durch das Wegelement

$$ds^2 = g_{11}(u, v)\, du^2 + 2g_{12}(u, v)\, du\, dv + g_{22}(u, v)\, dv^2 \tag{4.15}$$

mit den *metrischen Funktionen*[13]

$$g_{11}(u, v) = f_u(u, v) \cdot f_u(u, v) = \|f_u(u, v)\|^2, \tag{4.16}$$

$$g_{12}(u, v) = f_u(u, v) \cdot f_v(u, v), \tag{4.17}$$

$$g_{22}(u, v) = f_v(u, v) \cdot f_v(u, v) = \|f_v(u, v)\|^2. \tag{4.18}$$

---

[13] Hier bezeichnet $\| \cdot \|$ die euklidische Norm.

Die Vektoren

$$f_u(u, v) = \frac{\partial f}{\partial u}(u, v) \quad \text{und} \quad f_v(u, v) = \frac{\partial f}{\partial v}(u, v) \tag{4.19}$$

bezeichnen die partiellen Ableitungen nach den Parametern u und v. Mithilfe der ersten Fundamentalform lässt sich die innere Geometrie einer Fläche beschreiben. Offensichtlich hängen die metrischen Funktionen von der gewählten Parametrisierung der Fläche ab. Gauß fand daher eine neue Größe, die *Gauß'sche Krümmung*, mit der er die Fläche unabhängig von der gewählten Parametrisierung charakterisieren konnte. Für eine Fläche mit den zwei *Hauptkrümmungsradien* r_1 und r_2 ergibt die Gauß'sche Krümmung den Wert

$$K = \frac{1}{r_1} \cdot \frac{1}{r_2}. \tag{4.20}$$

In Abb. 4.1 sind die Hauptkrümmungsradien für die Sphäre und die Sattelfläche zur Veranschaulichung dargestellt. Die Hauptkrümmungsradien berechnen sich durch die Kehrwerte der beiden Hauptkrümmungen k_1 und k_2, d. h. $r_1 = 1/k_1$ und $r_2 = 1/k_2$. Anschaulich beschreiben die Hauptkrümmungen die maximale bzw. minimale Krümmung einer ebenen Kurve, die innerhalb der Fläche verläuft und durch einen Normalschnitt entsteht. Dies sind Schnitte der Fläche mit einer Normalebene, die in einem Punkt durch den Flächennormalenvektor und einen Tangentialvektor aufgespannt wird.[14] Zum Beispiel stimmen bei einer Sphäre mit Radius r die beiden Hauptkrümmungen in jedem Punkt überein, d. h. es gilt $k_1 = k_2 = 1/r$. Die Gauß'sche Krümmung für eine Sphäre beträgt daher

$$K = \frac{1}{r^2}. \tag{4.21}$$

Für die geometrische Beschreibung der vierdimensionalen Raumzeit ist eine Verallgemeinerung der Gauß'schen Flächentheorie nötig, die von Riemann noch zu Gauß' Lebzeiten vollzogen wurde. Die Riemann'sche Geometrie beschreibt die Krümmung von Flächen in höherdimensionalen Räumen durch ihre inneren Eigenschaften, d. h. ohne einen umgebenden Raum zu verwenden. Die höherdimensionalen Flächen werden dabei durch n-dimensionale, differenzierbare Mannigfaltigkeiten beschrieben. Bei der Beschreibung der Krümmung zeigt sich, dass eine einzige Größe wie die Gauß'sche Krümmung K nicht mehr ausreichend ist. Riemann führte

---

[14] Auf weitere Ausführungen zur Berechnung von Hauptkrümmungen ist aus Platzgründen verzichtet worden. Siehe hierzu [Bär10, S. 123 ff.].

daher den nach ihm benannten Krümmungstensor ein, den wir später ausführlich diskutieren werden.

Wir sehen, dass die Riemann'sche Geometrie als Teilgebiet der Differentialgeometrie für die Beschreibung der ART von großer Bedeutung ist. In dieser Arbeit und speziell in den nächsten zwei Kapiteln soll daher eine mathematische Einführung in die Riemann'sche Geometrie gegeben werden. Im Prinzip sind dabei Kenntnisse der Gauß'schen Flächentheorie nicht nötig, wegen des hohen Anschauungswertes aber durchaus sinnvoll. Für eine weitergehende Lektüre mit ausführlicher Diskussion der Gauß'schen Flächentheorie sei daher an die Lehrbücher [Bär10, S. 92–163], [Wei19, S. 127–200] und [Küh12, S. 39–140] verwiesen.

Differentialgeometrie: Mannigfaltigkeiten und Tensoren

In diesem Kapitel werden systematisch erste differentialgeometrische Grundlagen für die Behandlung der ART geschaffen. Den Grundstein legt dabei das Kalkül der differenzierbaren Mannigfaltigkeiten. Auf die Frage, wie wir Vektoren auf Mannigfaltigkeiten einführen können, wird uns der Tangentialraum eine Antwort liefern. Dort haben wir auch die Möglichkeit, Kovektoren und allgemein Tensoren zu betrachten, wie wir sie schon in der SRT kennengelernt haben. Wir haben bereits gesehen, dass das Konzept der Metrik in der ART verallgemeinert werden muss. Das führt uns zu pseudo-Riemann'schen Mannigfaltigkeiten. Für die Aufarbeitung der Inhalte wurden, falls nicht anders gekennzeichnet, die Lehrbücher [Küh12], [Olo18], [Fis17], [Str88] und [Sch17] verwendet.

5.1 Differenzierbare Mannigfaltigkeiten

Unter n-dimensionalen Mannigfaltigkeiten versteht man geometrische Objekte (z. B. eine Sphäre oder einen Torus), die sich lokal durch offene Mengen des Euklidischen Raums $\mathbb{R}^n$ überdecken lassen. Stellen wir uns hierzu die Erdoberfläche als zweidimensionale Mannigfaltigkeit vor. Im Ganzen ist es ohne Zerschneiden nicht möglich, die Erdoberfläche in einem *Atlas* darzustellen. Einzelne Regionen lassen sich hingegen auf flachen, zweidimensionalen Land*karten* abbilden. Verwenden wir nun mehrere Land*karten*, die sich überlappen dürfen und die gesamte Erdoberfläche überdecken, erhalten wir einen *Atlas*. Diese Motivation nehmen wir zum Anlass für die folgenden Definitionen:

Definition 5.1 (Karte)
Sei M eine Menge. Eine n-dimensionale *Karte* von M ist ein Paar (U, φ) bestehend aus einer Teilmenge $U \subset M$ und einer injektiven Abbildung $\varphi : U \to \mathbb{R}^n$ der Menge U auf eine offene Teilmenge $\varphi(U)$ des $\mathbb{R}^n$.

Definition 5.2 (Atlas)
Sei M eine Menge und $k \in \mathbb{N} \cup \{\infty\}$. Ein C^k-*Atlas* $\mathcal{A}$ von M ist eine Familie von Karten $(U_i, \varphi_i)_{i \in I}$ mit den folgenden Eigenschaften:

i) $M = \bigcup\limits_{i \in I} U_i$.

ii) Die Karten sind paarweise *kompatibel*: Für $i, j \in I$ und $U_i \cap U_j \neq \emptyset$ ist $\varphi_i(U_i \cap U_j)$ eine offene Teilmenge des $\mathbb{R}^n$ und die Komposition

$$(\varphi_j \circ \varphi_i^{-1}) : \varphi_i(U_i \cap U_j) \to \varphi_j(U_i \cap U_j) \tag{5.1}$$

ist ein C^k-Diffeomorphismus, d. h. eine bijektive und k-mal stetig differenzierbare Abbildung, deren Umkehrabbildung ebenfalls k-mal stetig differenzierbar ist.

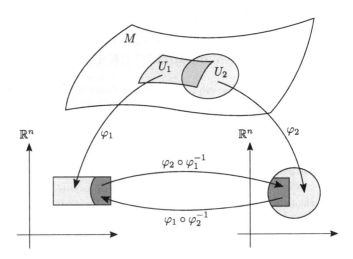

Abbildung 5.1 Kompatible Karten (U_1, φ_1) und (U_2, φ_2). (Eigene Darstellung (angelehnt an [Olo18, S. 2]))

Mithilfe von Karten ist es uns möglich, für einen Punkt p auf M eine Darstellung in *lokalen Koordinaten* anzugeben. Man nennt eine Karte daher auch *lokales Koordinatensystem*. Das liefert uns die Möglichkeit, geometrische Objekte (z. B. Funktionen, Vektoren oder Tensorfelder) und physikalische Größen lokal auf M zu beschreiben. In der Regel reicht ein einziges lokales Koordinatensystem nicht aus, um ganz M zu beschreiben. Solche Objekte und physikalischen Zusammenhänge sollen aber meist auf ganz M beschrieben werden. Außerdem möchte man erreichen, dass diese koordinatenunabhängig bzw. kovariant sind. Das motiviert die Forderung nach kompatiblen Karten. Die Komposition $(\varphi_j \circ \varphi_i^{-1})$ bildet die entsprechenden Teile von $\varphi(U_i)$ in $\varphi(U_j)$ ab (siehe Abb. 5.1). Die Abbildung ist damit nichts anderes als eine Koordinatentransformation, die auf der Schnittmenge $U_i \cap U_j$ definiert ist. Man spricht daher auch von einem *Kartenwechsel*. Damit wir M eine differenzierbare Mannigfaltigkeit nennen können, fehlt uns noch mathematische Struktur, mit der wir die Menge M in diesem Abschnitt ausstatten werden. Zunächst wollen wir allerdings einige Beispiele behandeln, die uns den Umgang mit den vorangegangenen Definitionen deutlich machen. Wenn wir im Folgenden von einem Atlas sprechen, meinen wir einen C^∞-Atlas.

Beispiel 5.3 ($\mathbb{R}^n$)
Für den $\mathbb{R}^n$ liefert die identische Abbildung id : $\mathbb{R}^n \to \mathbb{R}^n$ eine einzige Karte, sodass wir den Atlas $\mathcal{A} = (\mathbb{R}^n, \mathrm{id})$ erhalten.

Beispiel 5.4 (Sphäre)
Für die Einheitssphäre

$$M = S^2 = \{x = (x^1, x^2, x^3) \in \mathbb{R}^3 \mid ||x||^2 = 1\} \tag{5.2}$$

können wir mittels *stereographischer Projektion* einen Atlas aus zwei Karten angeben.[1]

Seien die Punkte $N = (0, 0, 1)$ und $S = (0, 0, -1)$ der Nord- und Südpol. Wir definieren auf M zwei Karten $\varphi : U \to \mathbb{R}^2$ und $\psi : V \to \mathbb{R}^2$ mit den Mengen $U := M \setminus \{N\}$ und $V := M \setminus \{S\}$. Die Karte φ projiziert einen Punkt $p = (x^1, x^2, x^3) \in U$ vom Nordpol aus entlang einer Geraden auf die Ebene $x^3 = 0$. Die Projektion auf den $\mathbb{R}^2$ ist gegeben durch

---

[1] In diesem Beispiel bezeichnet $|| \cdot ||$ die euklidische Norm. Es lassen sich auch mehr als zwei Karten verwenden. Für die Einheitsspähre ist in [Olo18, S. 3] ein Atlas mit vier Karten angegeben.

$$\varphi(p) = \frac{1}{1-x^3}(x^1, x^2). \tag{5.3}$$

Analog ist für einen Punkt $q \in V$ die Karte ψ als Projektion vom Südpol aus auf den $\mathbb{R}^2$ gegeben durch

$$\psi(q) = \frac{1}{1+x^3}(x^1, x^2). \tag{5.4}$$

Wir müssen nun zeigen, dass $(\psi \circ \varphi^{-1})$ auf $\varphi(U \cap V) = \psi(U \cap V) = \mathbb{R}^2 \setminus \{0\}$ C^∞-diffeomorph ist. Die inverse Abbildung ergibt sich für $y = (y^1, y^2) \in \mathbb{R}^2 \setminus \{0\}$ zu

$$\varphi^{-1}(y) = \frac{1}{\|y\|^2 + 1}(2y^1, 2y^2, \|y\|^2 - 1). \tag{5.5}$$

Für den Kartenwechsel erhalten wir damit

$$(\psi \circ \varphi^{-1}): \mathbb{R}^2 \setminus \{0\} \to \mathbb{R}^2 \setminus \{0\} \quad \text{mit} \quad (\psi \circ \varphi^{-1})(y) = \frac{1}{\|y\|^2}(y^1, y^2) \tag{5.6}$$

und stellen fest, dass $(\psi \circ \varphi^{-1})$ C^∞-differenzierbar ist.[2]

Beispiel 5.5 (Kurve)
Für die Kurve

$$M = \{(x, y) \in \mathbb{R}^2 \mid y = x^3\} \tag{5.7}$$

bildet bereits die Karte $\varphi : M \to \mathbb{R}$ mit $\varphi(x, y) = y$ einen Atlas. Die gleiche Kurve lässt sich auch durch einen Atlas mit drei Karten beschreiben:

$$\varphi_1 : U_1 := \{(x, y) \in M \mid y > 1\} \to \mathbb{R} \quad \text{mit} \quad \varphi_1(x, y) = y, \tag{5.8}$$

$$\varphi_2 : U_2 := \{(x, y) \in M \mid y < -1\} \to \mathbb{R} \quad \text{mit} \quad \varphi_2(x, y) = y, \tag{5.9}$$

$$\varphi_3 : U_3 := \{(x, y) \in M \mid -2 < x < 2\} \to \mathbb{R} \quad \text{mit} \quad \varphi_3(x, y) = x. \tag{5.10}$$

Die drei Karten überlappen sich bei $U_1 \cap U_3$ und $U_2 \cap U_3$, sodass sich die folgenden beiden Kartenwechsel ergeben:

---

[2] Die ausgeführten Rechnungen können in [Sch07, S. 273f] nachgeschlagen werden.

$$(\varphi_3 \circ \varphi_1^{-1}) : (1,8) \to (1,2) \quad \text{mit} \quad (\varphi_3 \circ \varphi_1^{-1})(y) = \sqrt[3]{y}, \tag{5.11}$$

$$(\varphi_3 \circ \varphi_2^{-1}) : (-8,-1) \to (-2,-1) \quad \text{mit} \quad (\varphi_3 \circ \varphi_2^{-1})(y) = \sqrt[3]{y}. \tag{5.12}$$

Auf den angegebenen Intervallen sind die Kartenwechsel C^∞-differenzierbar. Es ist allerdings zu bemerken, dass die Karte φ_3 nicht mit der obigen Karte φ kompatibel ist, denn der Kartenwechsel

$$(\varphi_3 \circ \varphi^{-1}) : (-8,8) \to (-2,2) \quad \text{mit} \quad (\varphi_3 \circ \varphi^{-1})(y) = \sqrt[3]{y} \tag{5.13}$$

ist bei $y = 0$ nicht differenzierbar.

In Beispiel 5.5 haben wir gesehen, dass die Karten von zwei verschiedenen Atlanten, die zur gleichen Menge M führen, nicht kompatibel sein müssen. Um dies zu vermeiden machen wir die folgende Definition.

Definition 5.6 (Äquivalente Atlanten)
Zwei Atlanten $\mathcal{A}$ und $\mathcal{B}$ einer Menge M sind *äquivalent*, wenn $\mathcal{A} \cup \mathcal{B}$ wieder ein Atlas ist, d. h. jede Karte von $\mathcal{A}$ ist mit jeder Karte von $\mathcal{B}$ kompatibel und umgekehrt.

Äquivalente Atlanten führen zur gleichen Menge M. Durch Auffüllen eines Atlas durch Karten, die mit den bisherigen Karten des Atlas kompatibel sind, lässt sich jeder Atlas zu einem *maximalen* Atlas erweitern.

Definition 5.7 (Maximaler Atlas)
Ein Atlas $\mathcal{A}$ ist *maximal*, wenn er jeden zu $\mathcal{A}$ äquivalenten Atlas umfasst.

An dieser Stelle verstehen wir unter einer differenzierbaren Mannigfaltigkeit eine Menge M mit einem maximalen Atlas $\mathcal{A}$. Für die endgültige Definition wollen wir auf M eine *Topologie* konstruieren mit dem Ziel, dass die Karten, die von M in den $\mathbb{R}^n$ abbilden, stetig werden.

Definition 5.8 (Topologie)
Ein *topologischer Raum* $(X, \mathcal{O})$ ist eine Menge X und ein System $\mathcal{O}$ von Teilmengen von X mit

i) $X, \emptyset \in \mathcal{O}$.

ii) Für beliebige Indexmengen I mit $O_i \in \mathcal{O}$ gilt $\bigcup_{i \in I} O_i \in \mathcal{O}$.

iii) Für endliche Indexmengen I mit $O_i \in \mathcal{O}$ gilt $\bigcap_{i \in I} O_i \in \mathcal{O}$.

Das System $\mathcal{O}$ heißt *Topologie* auf X und seine Elemente *offene Mengen*.

Der Euklidische Raum $\mathbb{R}^n$ ist selbst ein topologischer Raum. Die offenen Teilmengen sind durch den im $\mathbb{R}^n$ üblichen Abstandsbegriff festgelegt und bilden eine Topologie auf $\mathbb{R}^n$, die man auch die *gewöhnliche Topologie* nennt. Wir wollen jetzt die offenen Teilmengen von M so auswählen, dass die Karten stetig werden.

Definition 5.9 (offene Mengen)
Eine Teilmenge O einer mit einem Atlas $\mathcal{A}$ ausgestatteten Menge M heißt *offen*, wenn für jede Karte (U, φ) die Teilmenge $\varphi(U \cap O)$ von $\mathbb{R}^n$ offen ist.

Ein Atlas $\mathcal{A}$ mit einem Satz von Karten erzeugt gemäß Def. 5.9 auf einer Menge M eine Topologie im Sinne von Def. 5.8[3]. Damit werden die Karten $\varphi : U \to \mathbb{R}^n$ zu Abbildungen zwischen zwei topologischen Räumen, bei denen die Stetigkeit durch den Begriff der offenen Mengen charakterisiert ist: Eine Abbildung φ heißt genau dann stetig, wenn die Urbildmengen offener Mengen offen sind. Mit Def. 5.9 lässt sich zeigen, dass das Urbild $\varphi^{-1}(P)$ jeder offenen Teilmenge P von $\mathbb{R}^n$ wieder offen ist, wodurch sich die Stetigkeit aller Karten φ ergibt.[4] Durch die Einschränkung des Wertebereichs von φ auf das Bild $\varphi(U)$ werden die Karten zusätzlich bijektiv. Damit erreichen wir, dass die Karten zu *Homöomorphismen* werden, d. h. zu bijektiven und stetigen Abbildungen zwischen zwei topologischen Räumen, deren Umkehrabbildung ebenfalls stetig ist.[5]

Die Karten bilden demnach offene Teilmengen $U \subset M$ *lokal homöomorph* auf offene Teilmengen des $\mathbb{R}^n$ ab. Dies impliziert die Sprechweise, dass eine Mannigfaltigkeit lokal dem Euklidischen Raum $\mathbb{R}^n$ gleicht.

Damit verstehen wir nun unter einer Mannigfaltigkeit eine Menge M zusammen mit einem Atlas $\mathcal{A}$, die sich immer als topologischer Raum mit Topologie $\mathcal{O}$ auffassen lässt. Ergänzend werden noch zwei weitere Eigenschaften gefordert: Die Mannigfaltigkeit soll ein Hausdorff-Raum sein und das zweite Abzählbarkeitsaxiom erfüllen.[6]

---

[3] Ein Nachweis findet sich in [Olo18, S. 6–7].

[4] Ein Nachweis findet sich in [Olo18, S. 7].

[5] Die topologischen Strukturen des topologischen Raums $\mathbb{R}^n$ werden gewissermaßen auf die Menge M übertragen. Die auf M erzeugte Topologie ist die *Finaltopologie*, die von den Abbildungen $\varphi^{-1} : P \to M$ mit $P = \varphi(U) \subset \mathbb{R}^n$ auf M induziert wird. Die Finaltopologie ist gerade die *feinste Topologie* auf M, sodass alle φ^{-1} stetig sind. Details können in [Bal18, S. 23, 28] nachgelesen werden.

[6] Ein Hausdorff-Raum erfüllt das *Trennungsaxiom*, welches nicht aus der Def. 5.8 folgt und daher zusätzlich gefordert werden muss. Das zweite Abzählbarkeitsaxiom wird z. B. in der Integrationstheorie auf Mannigfaltigkeiten erforderlich. Der Vollständigkeit halber werden hier beide Axiome formuliert.

Definition 5.10 Sei X eine Menge. Ein topologischer Raum $(X, \mathcal{O})$ ist ein *Hausdorff-Raum*, wenn zu je zwei verschiedenen Punkten $p, q \in X$ immer disjunkte offene Mengen $P, Q \in \mathcal{O}$ mit $p \in P$ und $q \in Q$ existieren. Diese Eigenschaft nennt man auch das *Hausdorff'sche Trennungsaxiom*.

Um das zweite Abzählbarkeitsaxiom zu formulieren, muss zunächst klar sein, was wir unter einer Basis eines topologischen Raums verstehen.

Definition 5.11 Eine *Basis* eines topologischen Raums $(X, \mathcal{O})$ ist eine Menge $\mathcal{B} \subseteq \mathcal{O}$, wenn sich jede offene Teilmenge O von X als Vereinigung beliebig vieler Mengen aus $\mathcal{B}$ schreiben lässt.[7]

Definition 5.12 Sei X eine Menge. Ein topologischer Raum $(X, \mathcal{O})$ besitzt eine abzählbare Basis, wenn eine Basis $\{O_1, O_2, \ldots\}$ von offenen Teilmengen O_i von X existiert, sodass sich jede offene Teilmenge O von X als Vereinigung von offenen Teilmengen aus der Basis darstellen lässt. Diese Eigenschaft nennt man auch das *zweite Abzählbarkeitsaxiom*.

Dies liefert schlussendlich die Beschreibung einer differenzierbaren Mannigfaltigkeit.[8]

Definition 5.13 (C^∞-Mannigfaltigkeit)
Eine n-dimensionale C^∞-Mannigfaltigkeit $(M, \mathcal{A})$ ist ein das zweite Abzählbarkeitsaxiom erfüllender Hausdorff-Raum mit einem C^∞-Atlas, bestehend aus Karten $(U_i, \varphi_i)_{i \in I}$, wobei jedes φ_i ein Homöomorphismus von der offenen Teilmenge U_i von M auf eine offene Teilmenge von $\mathbb{R}^n$ ist.

Bemerkung 5.14 Durch die Angabe der Homöomorphismen φ_i in den n-dimensionalen Euklidischen Raum $\mathbb{R}^n$ und den Satz über die Invarianz der Dimension ist die Dimension der Mannigfaltigkeit durch die Zahl $n \in \mathbb{N}$ eindeutig definiert.[9]

---

[7] Siehe [Bal18, S. 2].

[8] Die folgende Definition ist [Olo18, S. 7] entnommen.

[9] Für die Eindeutigkeit der Dimension muss zudem vorausgesetzt sein, dass die Mannigfaltigkeit *zusammenhängend* ist. Eine Begriffsdefinition ist in [Olo18, S. 48f] zu finden. Der Satz über die Invarianz der Dimension ist in [Leh04, S. 135], Folgerung 16.16, nachzulesen.

Wir halten fest: Die differenzierbare Struktur einer C^∞-Mannigfaltigkeit M erhalten wir durch die Angabe eines C^∞-Atlas $\mathcal{A}$ mit einem Satz von Karten. Dieser erzeugt eine Topologie auf M, die lokal der topologischen Struktur des $\mathbb{R}^n$ gleicht. Im Folgenden verstehen wir unter einer Mannigfaltigkeit immer eine C^∞-Mannigfaltigkeit.

Die Differenzierbarkeit für Abbildungen zwischen Mannigfaltigkeiten lässt sich folgendermaßen erreichen.

Definition 5.15 (C^∞-Abbildung)

i) Eine Abbildung $f : M \to \mathbb{R}$ heißt C^∞-*differenzierbar*, wenn für jede Karte $\varphi : U \to \varphi(U) \subset \mathbb{R}^n$ die Komposition $f \circ \varphi^{-1}$ C^∞-differenzierbar ist.

$$
\begin{array}{c}
U \subseteq M \xrightarrow{\;f\;} \mathbb{R} \\
\varphi \Big\downarrow \quad \nearrow{\scriptstyle f \circ \varphi^{-1}} \\
\varphi(U)
\end{array}
$$

ii) Eine Abbildung $F : M \to N$ von einer m-dimensionalen Mannigfaltigkeit M in eine n-dimensionale Mannigfaltigkeit N heißt C^∞-*differenzierbar*, wenn für jede Karte $\varphi : U \to \varphi(U) \subset \mathbb{R}^m$ und $\psi : V \to \psi(V) \subset \mathbb{R}^n$ mit $F(U) \subset V$ die Komposition $\psi \circ F \circ \varphi^{-1}$ C^∞-differenzierbar ist.

Bemerkung 5.16 In Def. 5.15 i) und ii) reicht es, die Differenzierbarkeit für jeweils eine Karte um jeden Punkt zu prüfen. Man zeige hierzu, dass die Differenzierbarkeit einer Abbildung in einer Karte φ die Differenzierbarkeit derselben Abbildung in einer zu φ kompatiblen Karte ψ impliziert.

5.2   Tangentialraum

Bisher haben wir eine Vorstellung von dem Begriff der Mannigfaltigkeiten entwickelt. Im nächsten Schritt stellt sich die Frage, was sich unter Vektoren auf Mannigfaltigkeiten verstehen lässt.

Man verwendet dazu den Tangentialraum und fasst Vektoren als Elemente des Tangentialraums auf, also als Tangentialvektoren. Um Tangentialvektoren auf Mannigfaltigkeiten zu konstruieren, stehen uns im Grunde *drei* Möglichkeiten zur Verfügung. Besonders anschaulich wäre hierbei die *geometrische* Konstruktion. Bei einer Fläche, eingebettet in den $\mathbb{R}^3$, könnte man sich Tangentialvektoren an eine Kurve vorstellen, die in dieser Fläche verläuft. Die Menge aller Tangentialvektoren in einem Punkt würde dann eine Tangentialebene bilden, die an dem Punkt der Fläche „angeheftet" ist.[10] Bei abstrakten Mannigfaltigkeiten steht uns allerdings kein umgebender Raum zur Verfügung und eine analoge Definition wäre rechnerisch nicht gut handhabbar.[11] Eine andere Möglichkeit wäre die *physikalische* Einführung von Tangentialvektoren als ein n-Tupel von reellen Zahlen, das über ein bestimmtes Transformationsverhalten definiert wird. In den meisten Werken zur ART wird dieser Weg gewählt und wir werden auch später das Transformationsverhalten von Tangentialvektoren bestimmen. Da wir allerdings, wie bereits erwähnt, auch die differentialgeometrische Sichtweise in den Fokus rücken möchten, verwenden wir die *algebraische* und koordinatenunabhängige Möglichkeit zur Konstruktion der Tangentialvektoren.

Tangentialvektoren führen wir in der *algebraischen Konstruktion* als Richtungsableitung ein. Dabei sei an die Richtungsableitung für eine Funktion $f : \mathbb{R}^n \to \mathbb{R}$ in einem Punkt $a \in \mathbb{R}^n$ in Richtung des Vektors $v \in \mathbb{R}^n$ erinnert:

$$\partial_v f(a) = \frac{d}{dt} f(a + tv)\Big|_{t=0}. \tag{5.14}$$

Bekanntlich bezeichnet man mit $C^\infty(\mathbb{R}^n, \mathbb{R})$ den Raum aller unendlich oft stetig differenzierbaren Funktionen $f : \mathbb{R}^n \to \mathbb{R}$ und die Zuordnung

$$C^\infty(\mathbb{R}^n, \mathbb{R}) \to \mathbb{R}, \quad f \mapsto \partial_v f(a) \tag{5.15}$$

ist linear und erfüllt die Produktregel.[12] In ähnlicher Weise konstruieren wir nun Tangentialvektoren an eine Mannigfaltigkeit. Analog führen wir den Raum aller Funktionen f auf M ein.

Definition 5.17 Für eine Mannigfaltigkeit M und eine offene Teilmenge $U \subseteq M$ sei $\mathcal{F}(U) := C^\infty(U, \mathbb{R})$ die Menge aller C^∞-Funktionen $f : U \to \mathbb{R}$.

---

[10] Siehe [For17, S. 177].
[11] Vergleiche [Küh12, S. 148].
[12] Siehe [Fri13, S. 32].

Bemerkung 5.18 $\mathcal{F}(U)$ bildet vermöge

$$(f+g)(p) := f(p) + g(p), \ (f \cdot g) := f(p) \cdot g(p), \ (\alpha f)(p) := \alpha f(p) \tag{5.16}$$

für $f, g \in \mathcal{F}(U)$ und $\alpha \in \mathbb{R}$ eine $\mathbb{R}$-Algebra.

Das Verhalten einer Funktion $f \in \mathcal{F}(U)$ interessiert uns beim Ableiten nur in einer beliebig kleinen, p enthaltenden offenen Menge, d. h. in einer *Umgebung* von p. Für die folgenden Betrachtungen fixieren wir daher einen Punkt $p \in M$. Auf der Menge der C^∞-Funktionen

$$\{f \mid f : U \to \mathbb{R}, \text{ für eine Umgebung } U \text{ von } p \in M\} \tag{5.17}$$

führen wir die folgende Äquivalenzrelation $\sim$ ein. Für zwei Funktionen $f : U \to \mathbb{R}$ und $g : V \to \mathbb{R}$ auf Umgebungen $U, V \subseteq M$ von p gilt:

$$f \sim g :\iff \text{es gibt eine Umgebung } W \text{ von } p \text{ mit } W \subseteq U \cap V,$$
$$\text{sodass } f|_W = g|_W.$$

In Worten: Zwei lokal um p definierte C^∞-Funktionen f und g sind äquivalent, wenn sie auf einer Umgebung W von p übereinstimmen.

Die Äquivalenzklassen dieser Relation nennen wir *differenzierbare Funktionskeime*. Die *Menge aller differenzierbaren Funktionskeime von M in p* bezeichnen wir mit $\mathcal{F}_p(M)$. Für einen Funktionskeim, der durch $f \in \mathcal{F}(U)$ repräsentiert wird, schreiben wir

$$f_p := [f] \in \mathcal{F}_p(M). \tag{5.18}$$

Die Addition und Multiplikation werden repräsentantenweise definiert vermöge

$$f_p + g_p := (f+g)_p, \ f_p \cdot g_p := (f \cdot g)_p, \ \alpha f_p := (\alpha f)_p \text{ mit } \alpha \in \mathbb{R}, \quad (5.19)$$

wobei $f \in \mathcal{F}(U)$ und $g \in \mathcal{F}(V)$. Die Funktionen $f + g$ und $f \cdot g$ sind auf dem Durchschnitt $U \cap V$ definiert. Außerdem sind die Operationen auf den Äquivalenzklassen wohldefiniert, wodurch $\mathcal{F}_p(M)$ ebenfalls zu einer $\mathbb{R}$-Algebra wird. Wir können nun Funktionskeime $f_p \in \mathcal{F}_p(M)$ mittels des Homomorphismus

$$\mathcal{F}_p(M) \to \mathbb{R}, \ f_p \mapsto f(p) =: f_p(p) \tag{5.20}$$

auswerten. Die Auswertung von $f_p \in \mathcal{F}_p(M)$ an der Stelle p ist wohldefiniert, während f_p sich nicht in Punkten $q \in M$ mit $q \neq p$ auswerten lässt. Nun können wir Tangentialvektoren und den Tangentialraum einführen.

Definition 5.19 (Tangentialvektor und Tangentialraum)
Sei M eine Mannigfaltigkeit und $p \in M$. Ein *Tangentialvektor* X in p ist eine Abbildung $X : \mathcal{F}_p(M) \to \mathbb{R}$ mit den folgenden Eigenschaften:

i) $X(\alpha f_p + \beta g_p) = \alpha X(f_p) + \beta X(g_p)$ ($\mathbb{R}$-Linearität),
ii) $X(f_p \cdot g_p) = X(f_p) \cdot g_p(p) + f_p(p) \cdot X(g_p)$ (Produktregel)

mit $f_p, g_p \in \mathcal{F}_p(M)$ und $\alpha, \beta \in \mathbb{R}$.
Der *Tangentialraum* $T_p M$ an die differenzierbare Mannigfaltigkeit M in p ist die Menge aller Tangentialvektoren in p. Der Wert $Xf := X(f_p)$ heißt *Richtungsableitung* von f_p in Richtung X.[13]

Bemerkung 5.20 $T_p M$ bildet für Tangentialvektoren X, X_1 und X_2 vermöge

$$(X_1 + X_2)(f_p) := X_1(f_p) + X_2(f_p) \tag{5.21}$$
$$(\alpha \cdot X)(f_p) := \alpha \cdot X(f_p) \tag{5.22}$$

mit $f_p \in \mathcal{F}_p(M)$ und $\alpha \in \mathbb{R}$ einen $\mathbb{R}$-Vektorraum.

In Def. 5.19 wird ersichtlich, dass Tangentialvektoren zwei grundlegende Eigenschaften einer Richtungsableitung erfüllen. Durch den Übergang in lokale Koordinaten wird die Definition klarer. Dort identifizieren wir nämlich einen Tangentialvektor als Ableitungsoperator, sodass wir den Wert Xf konkret berechnen können. Sei dazu M eine Mannigfaltigkeit, $p \in M$ und $\varphi : U \to V \subset \mathbb{R}^n$ eine Karte. Wir definieren die Abbildung

$$\left.\frac{\partial}{\partial x^i}\right|_p : \mathcal{F}_p(M) \to \mathbb{R}, \quad f_p \mapsto \left.\frac{\partial f}{\partial x^i}\right|_p, \tag{5.23}$$

---

[13] Die Schreibweise $Xf = X(f_p)$ erlaubt uns, den Funktionskeim f_p nicht immer explizit mitzuschreiben. Besonders für lange Rechnungen ist es störend, immer f_p schreiben zu müssen.

wobei sich für das Bild $f \circ \varphi^{-1}$ die partielle Ableitung im Bildpunkt $\varphi(p) \in V$ ergibt:

$$\frac{\partial f}{\partial x^i}\Big|_p := \frac{\partial (f \circ \varphi^{-1})}{\partial x^i}\Big|_{\varphi(p)} \quad \text{mit } \varphi(p) = (x^1, \ldots, x^n). \tag{5.24}$$

Da[14] $\frac{\partial}{\partial x^i}\big|_p$ für jedes $i \in \{1, \ldots, n\}$ $\mathbb{R}$-linear ist und die Produktregel erfüllt, bilden $\frac{\partial}{\partial x^1}\big|_p, \ldots, \frac{\partial}{\partial x^n}\big|_p$ Tangentialvektoren in $T_p M$.[15] Dies rechtfertigt die Auffassung von Tangentialvektoren als Ableitungsoperatoren für skalare Funktionen f, wobei wir, wie bei Ableitungsoperatoren üblich, die Funktion f nur auf einer beliebig kleinen Umgebung von p kennen brauchen, d. h. den Funktionskeim f_p. Für den Tangentialvektor $X = \frac{\partial}{\partial x^i}\big|_p$ ist es jetzt möglich, die Richtungsableitung $Xf = X(f_p)$ zu bestimmen. Der Tangentialvektor muss einfach auf f_p angewendet werden, d. h. die Funktion $f \circ \varphi^{-1}$ muss in der Karte φ partiell nach der i-ten Komponente abgeleitet werden.

Es gilt die für Richtungsableitungen bekannte Eigenschaft:

Lemma 5.21 Sei $X \in T_p M$ und $c_p \in \mathcal{F}_p(M)$ der von der konstanten Funktion $c : M \to \mathbb{R}$, $p \mapsto c$ induzierte Funktionskeim, dann gilt $X(c_p) = 0$.

Beweis: Es sei zunächst $c_p = 1_p$. Dann gilt nach der Produktregel

$$X(1_p) = X(1_p \cdot 1_p) = X(1_p) \cdot \underbrace{1_p(p)}_{=1} + \underbrace{1_p(p)}_{=1} \cdot X(1_p) = 2 \cdot X(1_p)$$

und wir erhalten $X(1_p) = 0$. Sei nun $c_p = c \cdot 1_p$, dann gilt wegen der $\mathbb{R}$-Linearität:

$$X(c_p) = X(c \cdot 1_p) = c \cdot X(1_p) = c \cdot 0 = 0. \qquad \square$$

Satz 5.22 Sei M eine n-dimensionale Mannigfaltigkeit. Dann ist der Tangentialraum $T_p M$ in p ein n-dimensionaler $\mathbb{R}$-Vektorraum und wird bei gegebener Karte φ mit den Koordinaten $(x^1, \ldots, x^n)$ aufgespannt von der Basis

---

[14] Um an nicht notwendiger Notation zu sparen, machen wir an dieser Stelle keinen Unterschied zwischen der Bezeichnung der Koordinaten in M und im $\mathbb{R}^n$. Andere Lehrbücher machen einen expliziten Unterschied, wie etwa in [Küh12, S. 146] deutlich wird.

[15] Ein Nachweis findet sich in [Loo11, S. 30].

$$\left\{ \left. \frac{\partial}{\partial x^1} \right|_p, \ldots, \left. \frac{\partial}{\partial x^n} \right|_p \right\}. \tag{5.25}$$

Dabei gilt für jeden Tangentialvektor X in p

$$X = X^i \left. \frac{\partial}{\partial x^i} \right|_p \tag{5.26}$$

mit den Koeffizienten $X^i = X(x^i)$.[16]

Beweis: [Küh12, S. 148–149] $\square$

Für die Basistangentialvektoren in Satz 5.22 schreiben wir auch[17]

$$\left. \partial_i \right|_p \equiv \left. \frac{\partial}{\partial x^i} \right|_p. \tag{5.27}$$

Untersuchen wir nun das Verhalten von Vektoren $X \in T_p M$ unter einer Koordinatentransformation.

Satz 5.23 (Transformationsgesetz für Basistangentialvektoren)
Seien (U, φ) und (U', φ') Karten um $p \in U \cap U'$ mit Koordinaten $(x^1, \ldots, x^n)$ und $(x'^1, \ldots, x'^n)$. Für den Kartenwechsel $\phi' = \varphi' \circ \varphi^{-1}$ und $\phi := \phi'^{-1}$ gilt

$$\left. \partial_i \right|_p = \frac{\partial \phi'^j}{\partial x^i} \left. \partial'_j \right|_p \quad \text{und} \quad \left. \partial'_j \right|_p = \frac{\partial \phi^i}{\partial x'^j} \left. \partial_i \right|_p. \tag{5.28}$$

Beweis: Seien $\varphi : U \to V$ und $\varphi' : U' \to V'$, wobei ohne Einschränkung $U = U'$ gilt. Damit ergibt sich der Kartenwechsel $\phi' = \varphi' \circ \varphi^{-1} : V \to V'$. Für $f_p \in \mathcal{F}_p(M)$ berechnen wir:

---

[16] An dieser Stelle sei noch einmal an die Einstein'sche Summenkonvention erinnert, die hier in Gl. (5.26) und auch im Folgenden wieder verwendet wird.

[17] Wir nehmen hier die Definition der partiellen Ableitungen im Minkowski-Raum in Gl. (3.71) zum Anlass, den Index bei $\partial_i|_p$ nach unten zu schreiben. Die Stellung des Index liegt im Transformationsverhalten von $\partial_i|_p$ begründet, welches wir im Folgenden herleiten. In Abschnitt 5.3.5 *Transformationsgesetze* wird die Positionierung der Indizes noch einmal klarer.

$$\frac{\partial}{\partial x^i}\Big|_p (f_p) = \frac{\partial}{\partial x^i}(f \circ \varphi^{-1})(\varphi(p))$$

$$= \frac{\partial}{\partial x^i}\left((f \circ \varphi'^{-1}) \circ (\varphi' \circ \varphi^{-1})\right)(\varphi(p))$$

$$= \sum_{j=1}^{n} \frac{\partial}{\partial x'^j}(f \circ \varphi'^{-1})(\varphi'(p)) \cdot \frac{\partial}{\partial x^i}(\varphi' \circ \varphi^{-1})^j(\varphi(p)) \quad \text{(Kettenregel)}$$

$$= \sum_{j=1}^{n} \frac{\partial}{\partial x^i}(\varphi' \circ \varphi^{-1})^j(\varphi(p)) \cdot \frac{\partial}{\partial x'^j}\Big|_p (f_p)$$

$$= \sum_{j=1}^{n} \frac{\partial \phi'^j}{\partial x^i} \frac{\partial}{\partial x'^j}\Big|_p (f_p).$$

Das zeigt die linke Gleichung in (5.28). Die rechte Gleichung folgt analog. □

Folgerung 5.24 (Transformationsgesetz für Tangentialvektoren)
Für die Koeffizienten eines Tangentialvektors $X \in T_p M$ bezüglich den lokalen
Basisdarstellungen

$$X = X^i \, \partial_i \, |_p = X'^j \, \partial'_j \, |_p \quad (5.29)$$

folgt mit Gl. (5.28) eingesetzt in Gl. (5.29) das Transformationsgesetz

$$X'^j = \frac{\partial \phi'^j}{\partial x^i} X^i \quad \text{und} \quad X^i = \frac{\partial \phi^i}{\partial x'^j} X^j. \quad (5.30)$$

Nachdem wir nun Funktionen und das Konzept von Tangentialvektoren als Ableitungsoperatoren auf Mannigfaltigkeiten kennengelernt haben, besprechen wir noch,
wie wir Kurven beschreiben können. In der Physik denkt man sofort an die Bahnkurve eines Teilchens. Im nächsten Kapitel werden diese eine wichtige Rollen spielen, wenn wir Geodäten als eine spezielle Klasse von Kurven untersuchen und dabei
die Bahnen kräftefreier Teilchen auf gekrümmten Mannigfaltigkeiten herleiten.

Definition 5.25 Eine C^∞-Kurve c auf einer Mannigfaltigkeit M ist eine Abbildung

$$c : I \to M \quad (5.31)$$

auf einem offenen Intervall $I \subseteq \mathbb{R}$, sodass für jede Karte (U, φ) die Abbildung

$$(\varphi \circ c) : I \to \varphi(U) \subset \mathbb{R}^n \qquad (5.32)$$

C^∞-differenzierbar ist.[18]

Man betrachtet also auch hier das Bild der Kurve im $\mathbb{R}^n$ und fordert dort die Differenzierbarkeit. Mithilfe von Kurven durch p, d.h. mit $c(0) = p$ wobei $0 \in I$, lassen sich Tangentialvektoren $X \in T_{c(0)}M$ durch

$$X(f_p) := \frac{d}{dt}(f \circ c)(t)\Big|_{t=0} \qquad (5.33)$$

erzeugen. Hierzu verifiziert man gemäß Def. 5.19, dass die Zuordnung $\mathcal{F}_p(M) \to \mathbb{R}$, $f_p \mapsto X(f_p)$ linear ist und der Produktregel genügt.[19] Den Tangentialvektor $\dot{c}(0) = X \in T_{c(0)}M$ nennt man *Geschwindigkeitsvektor* der Kurve c. In lokalen Koordinaten der Karte (U, φ) können wir diesen mit Satz 5.22 ausdrücken durch

$$\dot{c}(0) = \dot{c}^i(0)\,\partial_i|_p, \quad \text{mit} \quad \dot{c}^i(0) = \frac{d}{dt}(\varphi^i \circ c)(t)\Big|_{t=0}. \qquad (5.34)$$

5.3   Vektoren und Tensoren auf Mannigfaltigkeiten

In Abschnitt *3.2 Vektoren und Tensoren* haben wir Kovektoren und Tensoren im Minkowski-Raum behandelt. Diese Begriffe wollen wir jetzt auf Mannigfaltigkeiten verallgemeinern.

5.3.1   Vektorfelder

Bisher haben wir in einem festen Punkt p auf einer Mannigfaltigkeit M alle möglichen Tangentialvektoren X, die im Tangentialraum T_pM liegen, betrachtet. Bei einem Vektor*feld* wollen wir nun jedem einzelnen Punkt p einen einzigen Tangentialvektor, den wir mit V_p bezeichnen, aus dem Tangentialraum T_pM zuordnen. Die Werte eines Vektorfelds liegen in verschiedenen Tangentialräumen, weshalb wir zunächst das *Tangentialbündel* als disjunkte Vereinigung aller Tangentialräume definieren:

---

[18] Mit Satz 5.15ii) hätten wir die Abbildung $c : I \to M$ auch direkt differenzierbar nennen können. Für die folgenden Betrachtungen ist es dennoch sinnvoll nochmals auszuschreiben, wie wir die Differenzierbarkeit zu verstehen haben.
[19] Ein Nachweis findet sich in [Olo18, S. 16].

$$TM := \bigcup_{p \in M} T_p M. \tag{5.35}$$

Hiermit ergibt sich für ein Vektorfeld die folgende Definition.

Definition 5.26 (Vektorfeld)
Ein *Vektorfeld* V auf M ist eine Abbildung

$$V : M \to TM, \quad p \mapsto V(p) =: V_p \tag{5.36}$$

mit $V_p \in T_p M$ für jeden Punkt $p \in M$.

Für eine Karte (U, φ) von M um $p \in U$ mit Koordinaten $(x^1, \ldots, x^n)$ sind

$$\partial_i \equiv \frac{\partial}{\partial x^i} : U \to TM, \quad p \mapsto \frac{\partial}{\partial x^i}\Big|_p \tag{5.37}$$

Vektorfelder auf der Koordinatenumgebung U. Für jedes Vektorfeld V auf U lassen sich nach dem Satz 5.22 eindeutige Funktionen $V^i : U \to \mathbb{R}$ bestimmen, sodass

$$V_p = V^i(p) \frac{\partial}{\partial x^i}\Big|_p. \tag{5.38}$$

Definition 5.27 (C^∞-Vektorfeld)
Ein Vektorfeld $V : M \to TM$ heißt C^∞-*Vektorfeld*, wenn in jeder Karte (U, φ) die aus der lokalen Darstellung in (5.38) resultierenden Koeffizientenfunktionen $V^i : U \to \mathbb{R}$ C^∞-differenzierbar sind. Die Menge aller C^∞-Vektorfelder wird mit $\mathcal{V}(M)$ bezeichnet.[20]

---

[20] Siehe [Küh12, S. 151]. In [Lee10, S. 81] finden sich weiterführende Informationen zu Vektorfeldern. Insbesondere wird dort gezeigt, dass TM eine $2n$-dimensionale Mannigfaltigkeit ist.

Da Vektorfelder $V \in \mathcal{V}(M)$ auf Elemente des Tangentialraums abbilden, können diese auf skalare Funktionen $f \in \mathcal{F}(M)$ wirken. Die Funktion $Vf : p \mapsto V_p f$ können wir uns als Ableitung von f in Richtung V vorstellen.

5.3.2 Lie-Klammer

Im nächsten Kapitel werden wir häufiger von dem Kommutator zweier Vektorfelder und dessen Eigenschaften Gebrauch machen.

Definition 5.28 (Lie-Klammer)[21]
Seien $V, W \in \mathcal{V}(M)$ und $f \in \mathcal{F}(M)$. Durch

$$[V, W](f) := V(W(f)) - W(V(f)) \qquad (5.39)$$

wird ein Vektorfeld $[V, W]$ definiert, das man *Lie-Klammer* oder *Kommutator* nennt.

Zunächst ist zu prüfen, dass die Operation $[V, W]$ tatsächlich ein Vektorfeld liefert. Hierzu rechnet man für einen beliebigen Punkt $p \in M$ nach, dass $[V, W]_p$ die Eigenschaften eines Tangentialvektors in Def. 5.19 erfüllt. Die Linearität ist einfach nachzuprüfen, daher verifizieren wir lediglich die Produktregel.[22] Für $f_p, g_p \in \mathcal{F}_p(M)$ gilt mit Def. 5.19ii):[23]

$$
\begin{aligned}
[V, W]_p(fg) &= V_p\left(W(fg)\right) - W_p\left(V(fg)\right) \\
&= V_p\left(Wf \cdot g(p) + f(p) \cdot Wg\right) - W_p\left(Vf \cdot g(p) + f(p) \cdot Vg\right) \\
&= V_p\, Wf \cdot g(p) + V_p\, f(p) \cdot Wg - W_p\, Vf \cdot g(p) - W_p\, f(p) \cdot Vg \\
&= (V_p\, Wf - W_p\, Vf) \cdot g(p) + f(p) \cdot (V_p\, Wg - W_p\, Vg) \\
&= [V, W]_p(f) \cdot g(p) + f(p) \cdot [V, W]_p(g). \qquad (5.40)
\end{aligned}
$$

---

[21] Benannt nach dem norwegischen Mathematiker Sophus Lie (1842–1899).

[22] Ein ausführlicher Nachweis der Linearität findet sich in [Olo18, S. 21].

[23] Zum Verständnis der folgenden Rechnung sei nochmals die vereinbarte Schreibweise $Vf = V(f_p)$ aus Def. 5.19 in Erinnerung gerufen. Wir schreiben den Funktionskeim nicht immer explizit mit.

Da wir Tangentialvektoren als Ableitungsoperatoren auffassen, können wir sagen, dass die Lie-Klammer den Grad der Nichtvertauschbarkeit der Ableitungen misst. In diesem Zusammenhang ist zu erwähnen, dass wir durch $\mathcal{L}_V(W) := [V, W]$ die *Lie-Ableitung* des Vektorfelds W in Richtung von V erhalten.[24] Für die spätere Formulierung von physikalischen Gesetzen auf Mannigfaltigkeiten ist es notwendig, einen Ableitungsbegriff für Vektorfelder zu finden. Wir werden hierzu aber im nächsten Kapitel sehen, dass im Zusammenhang mit Mannigfaltigkeiten, die mit einer Metrik ausgestattet sind, ein anderer Ableitungsbegriff nützlicher als die Lie-Ableitung ist. Für unsere Zwecke sind die folgenden Rechenregeln der Lie-Klammer wichtig.

Satz 5.29 Seien $X, Y, Z \in \mathcal{V}(M), \alpha, \beta \in \mathbb{R}$ und $f, g \in \mathcal{F}(M)$. Dann gilt:

i) $[\alpha V + \beta W, X] = \alpha[V, X] + \beta[W, X]$

ii) $[V, W] = -[W, V]$

iii) $\left[V, [W, X]\right] + \left[W, [X, V]\right] + \left[X, [V, W]\right] = 0$ (Jacobi-Identität)

iv) $[fX, gY] = f \cdot g \cdot [X, Y] + f \cdot (Xg) \cdot Y - g \cdot (Yf) \cdot X$

v) $\left[\dfrac{\partial}{\partial x^i}, \dfrac{\partial}{\partial x^j}\right] = 0$ für jede Karte (U, φ) mit den Koordinaten $(x^1, \ldots, x^n)$.

Beweis: Die Regeln i) - iii) erfolgen durch Anwenden der Def. 5.29 und Nachrechnen. Zum Nachweis der Regel iv) verwendet man die Produktregel aus Def. 5.19ii).[25] Mit $f \in \mathcal{F}(M)$ gilt für die Regel v):

$$\left[\frac{\partial}{\partial x^i}, \frac{\partial}{\partial x^j}\right](f) = \frac{\partial^2}{\partial x^i \, \partial x^j}(f \circ \varphi^{-1}) - \frac{\partial^2}{\partial x^j \, \partial x^i}(f \circ \varphi^{-1}) = 0, \qquad (5.41)$$

denn nach dem Satz von Schwarz lassen sich die partiellen Ableitungen vertauschen. □

5.3.3 Kovektorfelder

Ähnlich wie wir im Minkowski-Raum Kovektoren als Elemente des Dualraums eingeführt haben, können wir diese Objekte auch auf Mannigfaltigkeiten konstruieren.

---

[24] Für weitere Informationen über die Lie-Ableitung sei an [Olo18, S. 185ff] verwiesen.

[25] Ein ausgeschriebener Nachweis der Jacobi-Identität und der Regel iv) findet sich in [Küh12, S. 157].

In naheliegender Weise betrachten wir dazu den Dualraum des Tangentialraums $T_p M$, den *Kotangentialraum* $T_p^* M$ von M in p:

$$T_p^* M := \{\omega_p : T_p M \to \mathbb{R} \mid \omega_p \text{ linear}\}. \tag{5.42}$$

Die Elemente des Kotangentialraums werden auch Kovektoren genannt. Für eine Karte (U, φ) um $p \in U$ ist $\{\partial_1|_p, \ldots, \partial_n|_p\}$ nach Satz 5.22 eine Basis von $T_p M$. Die dazu duale Basis des Kotangentialraums $T_p^* M$ wird mit $\{dx^1|_p, \ldots, dx^n|_p\}$ bezeichnet, sodass

$$dx^i|_p \left(\frac{\partial}{\partial x^k}\bigg|_p \right) = \delta_k^i. \tag{5.43}$$

Analog zu den Vektorfeldern, können wir das Kotangentialbündel als disjunkte Vereinigung aller Kotangentialräume einführen,

$$T^* M := \bigcup_{p \in M} T_p^* M, \tag{5.44}$$

und damit Kovektorfelder auf einer Mannigfaltigkeit definieren.

Definition 5.30 (Kovektorfeld)
Ein *Kovektorfeld* auf M ist eine Abbildung

$$\omega : M \to T^* M, \quad p \mapsto \omega_p \tag{5.45}$$

mit $\omega_p \in T_p^* M$ für jeden Punkt $p \in M$.

Auch für Kovektorfelder ω in einer Karte (U, φ) lässt sich eine lokale Darstellung angeben:

$$\omega_p = \omega_i(p)\, dx^i|_p \tag{5.46}$$

mit eindeutig bestimmten Funktionen $\omega_i : U \to \mathbb{R}$.

Definition 5.31 (C^∞-Kovektorfeld)
Ein Kovektorfeld $\boldsymbol{\omega} : M \to T^*M$ heißt C^∞-*Kovektorfeld*, wenn in jeder Karte (U, φ) die aus der lokalen Darstellung in (5.46) resultierenden Koeffizientenfunktionen $\omega_i : U \to \mathbb{R}$ C^∞-differenzierbar sind. Die Menge aller C^∞-Kovektorfelder wird mit $\mathcal{V}^*(M)$ bezeichnet.[26]

Ein wichtiges Beispiel für einen Kovektor ist das *Differential* einer Funktion $f \in \mathcal{F}(U)$.

Definition 5.32 Sei M eine Mannigfaltigkeit, $U \subseteq M$ eine offene Teilmenge und $f \in \mathcal{F}(U)$. Für jedes $p \in U$ heißt

$$df_p : T_pM \to \mathbb{R}, \; df_p(X) := X(f_p) \tag{5.47}$$

das *Differential von f in p* und

$$df : U \to T^*M, \; df(p) := df_p \tag{5.48}$$

das *(totale) Differential*.

Mit Bemerkung 5.20 ist $df_p : T_pM \to \mathbb{R}$, $X \mapsto X(f_p)$ linear, also ist $df_p \in T_p^*M$ und damit df ein Kovektorfeld. Für eine Karte (U, φ) ergeben sich für die Koordinatenfunktionen $f = x^i$ die Differentiale dx^i, wobei nach Def. 5.32 gerade $dx^i{}_p(X) = X(x_p^i)$ ist. Wenn wir die Differentiale auf die Basisvektoren $\partial_j|_p$ wirken lassen, ergibt sich

$$dx^i{}_p\left(\frac{\partial}{\partial x^j}\bigg|_p\right) = \frac{\partial}{\partial x^j}\bigg|_p(x_p^i) = \frac{\partial x^i}{\partial x^j}\bigg|_p = \delta_i^j. \tag{5.49}$$

Durch diese Rechnung haben wir uns überzeugt, dass die Differentiale gerade die zu $\{\partial_1|_p, \ldots, \partial_n|_p\}$ duale Basis $\{dx^1|_p, \ldots, dx^n|_p\}$ bilden. Für die lokale Koordinatendarstellung von df_p folgt damit

$$df_p = df_p\left(\frac{\partial}{\partial x^i}\bigg|_p\right)dx^i|_p = \frac{\partial f}{\partial x^i}\bigg|_p dx^i|_p \tag{5.50}$$

---

[26] Siehe [Lee10, S. 129] für weiterführende Informationen.

und schließlich für das Differential df die Koordinatenbeschreibung

$$df = \frac{\partial f}{\partial x^i} dx^i. \tag{5.51}$$

Auch für die Kovektoren leiten wir nun ein entsprechendes Transformationsgesetz her.

Satz 5.33 (Transformationsgesetz für Basiskovektoren)
Seien (U, φ) und (U', φ') Karten um $p \in U \cap U'$ mit Koordinaten $(x^1, \ldots, x^n)$ und $(x'^1, \ldots, x'^n)$. Für den Kartenwechsel $\phi' = \varphi' \circ \varphi^{-1}$ und $\phi := \phi'^{-1}$ gilt

$$dx^i|_p = \frac{\partial \phi^i}{\partial x'^j} dx'^j|_p \quad \text{und} \quad dx'^j|_p = \frac{\partial \phi'^j}{\partial x^i} dx^i|_p. \tag{5.52}$$

Beweis: Wir berechnen

$$dx^i|_p \left(\frac{\partial}{\partial x'^j}\Big|_p \right) \overset{(5.28)}{=} dx^i|_p \left(\frac{\partial \phi^k}{\partial x'^j} \frac{\partial}{\partial x^k}\Big|_p \right) = \frac{\partial \phi^k}{\partial x'^j} \underbrace{dx^i|_p \left(\frac{\partial}{\partial x^k}\Big|_p \right)}_{= \delta^i_k} = \frac{\partial \phi^i}{\partial x'^j}.$$

Dies zeigt die linke Gleichung in (5.52). Eine analoge Rechnung für $dx'^j|_p$ liefert die rechte Gleichung. □

Folgerung 5.34 (Transformationsgesetz für Kovektoren)
Für die Koeffizienten eines Kovektors $\omega_p \in T_p^* M$ gilt bezüglich der lokalen Basisdarstellungen

$$\omega_p = \omega_i \, dx^i|_p = \omega'_j \, dx'^j|_p \tag{5.53}$$

das Transformationsgesetz

$$\omega'_j = \frac{\partial \phi^i}{\partial x'^j} \omega_i \quad \text{und} \quad \omega_i = \frac{\partial \phi'^j}{\partial x^i} \omega'_j. \tag{5.54}$$

5.3.4   Tensorfelder

Tensoren haben wir bereits in Abschnitt *3.2.3 Tensoren* auf einem endlichdimensionalen Vektorraum V diskutiert. Alle Definitionen und Argumente lassen sich für Tensoren auf Mannigfaltigkeiten übertragen, wenn wir den Vektorraum $T_p M$ zugrunde legen und Tensoren zunächst in einem Punkt p der Mannigfaltigkeit betrachten. Wie für Vektoren und Kovektoren lässt sich auch für Tensoren eine lokale Basisdarstellung angeben. Sei hierzu $T_p \in \otimes_s^r T_p M$ ein r-fach kontravarianter und s-fach kovarianter Tensor, (U, φ) eine Karte und $\{\partial_1|_p, \ldots, \partial_n|_p\}$ eine Basis von $T_p M$ mit zugehöriger dualer Basis $\{dx^1|_p, \ldots, dx^n|_p\}$ von $T_p^* M$. Nach Satz 3.13 besitzt T_p die lokale Basisdarstellung

$$T_p = t^{i_1 \cdots i_r}{}_{j_1 \cdots j_s}\, \partial_{i_1} \otimes \ldots \otimes \partial_{i_r} \otimes dx^{j_1} \otimes \ldots \otimes dx^{j_s} \qquad (5.55)$$

mit Summationen über $1 \le i_1, \ldots, i_r, j_1, \ldots, j_s \le n$. Hierbei sind die Koeffizienten gegeben durch

$$t^{i_1 \cdots i_r}{}_{j_1 \cdots j_s} = T_p(dx^{i_1}, \ldots, dx^{i_r}, \partial_{j_1}, \ldots, \partial_{j_s}). \qquad (5.56)$$

Die Einführung von Tensorfeldern gelingt uns analog zu den Vektor- und Kovektorfeldern über das *Tensorbündel*. Dies ist gegeben durch die disjunkte Vereinigung

$$T_s^r M := \bigcup_{p \in M} \otimes_s^r T_p M. \qquad (5.57)$$

Definition 5.35 (C^∞-Tensorfeld)
Ein C^∞-(r, s)-*Tensorfeld* ist eine Abbildung

$$T : M \to T_s^r M, \quad p \mapsto T_p \in \otimes_s^r T_p M \qquad (5.58)$$

derart, dass die Koeffizienten $t^{i_1 \cdots i_r}{}_{j_1 \cdots j_s}$ in jeder lokalen Darstellung (d. h. in jeder Karte (U, φ)) C^∞-Funktionen sind. Die Menge aller Tensorfelder wird mit $\mathcal{T}_s^r M$ bezeichnet.[27]

---

[27] Siehe [Lee10, S. 268f].

Die Tensorfelder $T_0^0 M = \mathcal{F}(M)$, $T_1^0 M = \mathcal{V}(M)$ und $T_0^1 M = \mathcal{V}^*(M)$ kennen wir bereits. Nach Def. 7 sind Tensoren $T_p \in \otimes_s^r T_p M$ im Punkt p multilinear. Eine wichtige Eigenschaft von Tensor*feldern* ist die Multilinearität über dem Funktionenraum $\mathcal{F}(M)$.

Bemerkung 5.36 Ein Tensorfeld $T \in T_s^r M$ lässt sich interpretieren als eine Abbildung

$$T : \underbrace{\mathcal{V}^*(M) \times \ldots \times \mathcal{V}^*(M)}_{r\text{-mal}} \times \underbrace{\mathcal{V}(M) \times \ldots \times \mathcal{V}(M)}_{s\text{-mal}} \to \mathcal{F}(M) \tag{5.59}$$

mit

$$T(\omega^1, \ldots, \omega^r, V_1, \ldots V_s)(p) := T_p(\omega^1|_p, \ldots, \omega^r|_p, V_1|_p, \ldots, V_s|_p) \tag{5.60}$$

für $\omega^1, \ldots, \omega^r \in \mathcal{V}^*(M)$ und $V_1, \ldots, V_s \in \mathcal{V}(M)$, die in jedem der $r + s$ Argumente $\mathcal{F}(M)$-linear ist.[28] Aufgrund von Gl. (3.56) lässt sich entsprechend ein $(1, s)$-Tensorfeld T auffassen als eine $\mathcal{F}(M)$-multilineare Abbildung

$$T : \underbrace{\mathcal{V}(M) \times \ldots \times \mathcal{V}(M)}_{s\text{-mal}} \to \mathcal{V}(M). \tag{5.61}$$

Von dieser Charakterisierung eines $(1, s)$-Tensorfelds werden wir unter anderem beim Riemann'schen Krümmungstensor Gebrauch machen.

Bevor wir im nächsten Abschnitt das Transformationsgesetz für Tensorfelder angeben, machen wir noch zwei Vereinbarungen.

Vereinbarung 5.37 Im Folgenden sind alle Vektor-, Kovektor- und Tensorfelder C^∞-differenzierbar, ohne dass dies explizit erwähnt wird. Wenn wir von Tensoren sprechen, meinen wir ab jetzt immer Tensorfelder.[29]

---

[28] Ein Nachweis für die äquivalente Auffassung von Tensorfeldern als multilineare Abbildungen über dem Funktionenraum $\mathcal{F}(M)$ lässt sich in [Fis17, S. 260] finden.

[29] Diese Vereinbarung ist sinnvoll, da Tensoren in einem Punkt in der Physik selten auftreten.

Die nächste Vereinbarung führt eine kompaktere Schreibweise ein. Dies dient auch dazu, sich der üblichen Notation in der Physik zu nähern.[30]

Vereinbarung 5.38 Wir verwenden die folgende abgekürzte Schreibweise:

1. Für eine Karte $\varphi : U \to V \subseteq \mathbb{R}^n$ schreiben wir $x : U \to V \subseteq \mathbb{R}^n$, kurz: (U, x).
2. Für zwei Karten $x : U \to V \subseteq \mathbb{R}^n$ und $x' : U' \to V' \subseteq \mathbb{R}^n$ und den zugehörigen Kartenwechsel $x' \circ x^{-1} : x(U \cap U') \to x'(U \cap U')$ schreiben wir nur $x' = x'(x)$.
3. Für eine C^∞-Funktion $f : M \to \mathbb{R}$ und eine Karte (U, x) mit der lokalen Darstellung $f \circ x^{-1}$ schreiben wir nur $f = f(x)$.

5.3.5 Transformationsgesetze

Fassen wir zunächst die bisher bekannten Transformationsgesetze in der neuen Notation zusammen. Seien dazu (U, x) und (U', x') Karten um $p \in U \cap U'$ mit den entsprechenden Koordinaten $(x^1, \ldots, x^n)$ und $(x'^1, \ldots, x'^n)$. Außerdem seien $V \in \mathcal{V}(M)$ ein Vektorfeld mit Koeffizienten V^i und $\omega \in \mathcal{V}^*(M)$ ein Kovektorfeld mit Koeffizienten ω_i bezüglich der ungestrichenen Koordinaten. Für die Koordinatentransformation $x' = x'(x)$ und deren inverse Transformation $x = x(x')$ ergeben sich die folgenden Transformationsgesetze (Tabelle 5.1):

Tabelle 5.1 Transformationsgesetze für Vektor- und Kovektorfelder

	Vektorfelder	Kovektorfelder
Koeffizienten	$V'^i(x') = \dfrac{\partial x'^i}{\partial x^k}(x)\, V^k(x)$	$\omega'_i(x') = \dfrac{\partial x^k}{\partial x'^i}(x')\, \omega_k(x)$
Basiselemente	$\partial'_i(x') = \dfrac{\partial x^k}{\partial x'^i}(x')\, \partial_k(x)$	$dx'^i(x') = \dfrac{\partial x'^i}{\partial x^k}(x)\, dx^k(x)$

Die Argumente (x) und (x') machen deutlich, dass es sich um Felder handelt und die Koeffizienten und Basiselemente, ebenso wie die zugehörigen Transforma-

---

[30] Dennoch sollte nicht vergessen werden, was sich mathematisch hinter der verkürzten Schreibweise verbirgt.

tionskoeffizienten, in einem Punkt der Mannigfaltigkeit ausgewertet werden. Man sagt auch, dass sich die Koeffizienten der Vektorfelder kontravariant transformieren, während sich die Koeffizienten der Kovektorfelder kovariant transformieren. Die Basiselemente transformieren sich jeweils gegenläufig, wodurch die Positionierung der Indizes noch einmal deutlich wird. Die Transformationskoeffizienten fassen wir als Einträge der Matrizen $\alpha = (\alpha^i{}_k)$ und $\bar{\alpha} = (\bar{\alpha}^k{}_i)$ auf, d. h.

$$\alpha^i{}_k(x) := \frac{\partial x'^i}{\partial x^k}(x) \quad \text{und} \quad \bar{\alpha}^k{}_i(x') := \frac{\partial x^k}{\partial x'^i}(x'). \tag{5.62}$$

Im Gegensatz zu den Lorentz-Matrizen sind diese Transformationsmatrizen koordinatenabhängig. Die Matrix $\alpha = (\alpha^i{}_k)$ ist nichts anderes als die Jacobi-Matrix. Mit der Kettenregel erhalten wir

$$\alpha^i{}_k \, \bar{\alpha}^k{}_m = \bar{\alpha}^i{}_k \, \alpha^k{}_m = \delta^i_m. \tag{5.63}$$

Wir können jetzt das allgemeine Transformationsgesetz für einen Tensor $T \in \mathcal{T}^r_s M$ mit Koeffizienten $t^{i_1 \cdots i_r}{}_{j_1 \cdots j_s}$ angeben:

$$t'^{k_1 \cdots k_r}{}_{l_1 \cdots l_s}(x') = \alpha^{k_1}{}_{i_1}(x) \cdots \alpha^{k_r}{}_{i_r}(x) \cdot \bar{\alpha}^{j_1}{}_{l_1}(x') \cdots \bar{\alpha}^{j_s}{}_{l_s}(x') \, t^{i_1 \cdots i_r}{}_{j_1 \cdots j_s}(x). \tag{5.64}$$

5.4 Pseudo-Riemann'sche Mannigfaltigkeiten

Im letzten Abschnitt dieses Kapitels führen wir das Konzept einer Metrik auf einer Mannigfaltigkeit ein. Wie bei der Minkowski-Metrik, die wir für die flache Raumzeit der SRT kennengelernt haben, erlaubt uns eine Metrik, Abstände zwischen zwei Punkten zu messen. Wir hatten bereits gesehen, dass bei einer beliebigen Koordinatentransformation die Metrik im Gegensatz zur Minkowski-Metrik koordinatenabhängig wird (siehe Gl. (4.13)). Führen wir eine Metrik allgemein auf Mannigfaltigkeiten als Tensorfeld ein, ergibt sich diese Koordinatenabhängigkeit ganz natürlich. Wir werden außerdem am Ende des Abschnitts sehen, dass sich eine Metrik in jedem Punkt der Mannigfaltigkeit durch eine Koordinatentransformation auf eine einfache Form bringen lässt.

Für eine Metrik auf einer Mannigfaltigkeit M fordern wir die gleichen Eigenschaften wie bei der Minkowski-Metrik.

Definition 5.39 Eine pseudo-Riemann'sche Metrik auf M ist ein differenzierbares, zweifach kovariantes Tensorfeld

$$g : M \to T_2^0 M, \quad p \mapsto g_p \in \otimes_2^0 T_p M, \tag{5.65}$$

d. h. $g \in T_2^0 M$, mit den folgenden Eigenschaften:
i) $g_p(X, Y) = g_p(Y, X)$ für alle $p \in M, X, Y \in T_p M$ (Symmetrie).
ii) Wenn $g_p(X, Y) = 0$ für alle $p \in M, Y \in T_p M$, dann gilt $X = 0$ (nicht-entartet).
Man nennt g auch *metrischen Tensor*. Das Paar (M, g) heißt *pseudo-Riemann'sche Mannigfaltigkeit*.

Damit liefert uns die Metrik g in jedem Punkt p eine symmetrische, nicht-entartete Bilinearform

$$g_p : T_p M \times T_p M \to \mathbb{R} \tag{5.66}$$

auf dem Tangentialraum $T_p M$. Der Zusatz „*pseudo*" weist darauf hin, dass es sich um eine nicht-entartete Metrik handelt. Ist g_p für alle $p \in M$ positiv definit, nennt man (M, g) eine *Riemann'sche Mannigfaltigkeit*. Für $g_p(\cdot, \cdot)$ schreiben wir auch $\langle \cdot, \cdot \rangle$.

In einer Karte (U, x) von M um $p \in U$ mit Koordinaten $(x^1, \ldots, x^n)$ lässt sich für g_p gemäß Gl. (5.55) die lokale Darstellung

$$g_p = g_{ij}(x) \, dx^i \otimes dx^j \tag{5.67}$$

angeben. Die Koeffizienten g_{ij} des metrischen Tensors g_p fassen wir, wie bei der Minkowski-Metrik, als Einträge einer Matrix (g_{ij}) auf. Setzen wir die Basisvektoren $\partial_i, \partial_j \in T_p M$ in die Metrik ein, erhält man

$$\langle \partial_i, \partial_j \rangle = g_p(\partial_i, \partial_j) = g_{kl}(x) \, dx^k(\partial_i) \cdot dx^l(\partial_j) = g_{ij}(x), \tag{5.68}$$

wodurch sich die Symmetrie schreiben lässt als

$$g_{ij} = g_{ji}.\tag{5.69}$$

Da die Metrik g_p überall nicht-entartet ist, gilt

$$\det g_{ij} \neq 0.\tag{5.70}$$

Zu (g_{ij}) existiert damit eine inverse Matrix[31], die wir mit (g^{ij}) bezeichnen. Definitionsgemäß ist

$$g_{ij}\, g^{jk} = g^{kj}\, g_{ji} = \delta_i^k\tag{5.71}$$

erfüllt. Die Norm eines Tangentialvektors $X \in T_p M$ ist durch

$$\|X\| := \sqrt{|\langle X, X \rangle|} = \sqrt{|g_{ij}X^i X^j|}\tag{5.72}$$

gegeben. Das bekannte infinitesimale Wegelement erhält man formal, wenn wir den Vektor $\Delta = dx^i\, \partial_i \in T_p M$ als infinitesimale Verschiebung zwischen zwei Vektoren auf dem Tangentialraum betrachten und diese in g_p einsetzen:

$$ds^2 = \langle \Delta, \Delta \rangle = \langle dx^i\, \partial_i, dx^j\, \partial_j \rangle = dx^i dx^j\, \langle \partial_i, \partial_j \rangle \overset{(5.68)}{=} g_{ij}(x)\, dx^i dx^j.\tag{5.73}$$

Hier ist dx^i also formal kein Kovektor. Wie bei der Minkowski-Metrik kann gemäß Bemerkung 6 die Metrik g dazu verwendet werden, einen Vektor in einen Kovektor umzuwandeln und umgekehrt. Für das Heben und Senken von Indizes ergeben sich so die folgenden Regeln für die Koeffizienten von Vektoren X^j und Kovektoren ω_j:

$$X_i = g_{ij}\, X^j,\tag{5.74}$$

$$\omega^i = g^{ij}\, \omega_j.\tag{5.75}$$

Gemäß Gl. (5.64) transformieren sich die Koeffizienten der Metrik bei einer Koordinatentransformation $x'(x)$ zu

$$g'_{ij}(x') = \bar{\alpha}^k{}_i\, \bar{\alpha}^l{}_j\, g_{kl}(x) \quad \text{mit} \quad \bar{\alpha}^k{}_i = \frac{\partial x^k}{\partial x'^i}.\tag{5.76}$$

---

[31] Siehe [KB18, S. 624].

Diese Form hatten wir bereits in Gl. (4.13), ausgehend vom Äquivalenzprinzip, hergeleitet.

Wir wollen uns zunächst zwei Beispielen widmen und den metrischen Tensor aufstellen. Dabei beschränken wir uns auf zweidimensionale Mannigfaltigkeiten und betrachten zunächst die flache Ebene $M = \mathbb{R}^2$ in kartesischen Koordinaten sowie in Polarkoordinaten und anschließend die Kugeloberfläche $M = S^2$ als gekrümmte zweidimensionale Fläche. Im zweidimensionalen Fall nimmt das Wegelement gemäß Gl. (5.73) die folgende Form an:

$$ds^2 = g_{11}(x^1, x^2)\,(dx^1)^2 + 2g_{12}(x^1, x^2)\,dx^1 dx^2 + g_{22}(x^1, x^2)\,(dx^2)^2. \quad (5.77)$$

Beispiel 5.40 (Ebene)
Im zweidimensionalen Euklidischen Raum $(M, g) = (\mathbb{R}^2, g)$ mit der bekannten euklidischen Metrik lautet das Wegelement in kartesischen Koordinaten $(x^1, x^2) = (x, y)$ bekanntlich

$$ds^2 = dx^2 + dy^2. \quad (5.78)$$

Der metrische Tensor ist damit

$$(g_{ij}) = \begin{pmatrix} 1 & 0 \\ 0 & 1 \end{pmatrix} = (\delta_{ij}) \quad (5.79)$$

und $\langle \cdot, \cdot \rangle$ ist nichts anderes als das gewohnte euklidische Skalarprodukt. Durch eine Koordinatentransformation gehen wir über in krummlinige Polarkoordinaten:

$$\mathbb{R}_{>0} \times (-\pi, \pi) \to \mathbb{R}^2 \setminus \{(x, 0) \mid x \le 0\}, \quad (r, \varphi) \mapsto (r\cos(\varphi), r\sin(\varphi)). \quad (5.80)$$

Die Transformation ist C^∞-diffeomorph, sodass die Jacobi-Determinante $\det(\alpha) = r \neq 0$ nicht verschwindet. Für $k, l = 1, 2$ können wir mit dem bekannten Transformationsgesetz des metrischen Tensors in Gl. (5.76) berechnen:

$$g_{rr} = \frac{\partial x^k}{\partial r}\frac{\partial x^l}{\partial r}\,g_{kl} = \left(\frac{\partial x}{\partial r}\right)^2 g_{11} + \left(\frac{\partial y}{\partial r}\right)^2 g_{22} = \cos^2(\varphi) + \sin^2(\varphi) = 1,$$

$$\quad (5.81)$$

$$g_{\varphi\varphi} = \frac{\partial x^k}{\partial \varphi}\frac{\partial x^l}{\partial \varphi}\,g_{kl} = \left(\frac{\partial x}{\partial \varphi}\right)^2 g_{11} + \left(\frac{\partial y}{\partial \varphi}\right)^2 g_{22} = r^2\sin^2(\varphi) + r^2\cos^2(\varphi) = r^2.$$

$$\quad (5.82)$$

Eine analoge Rechnung liefert $g_{r\varphi} = g_{\varphi r} = 0$, sodass sich

$$(g_{ij}) = \begin{pmatrix} 1 & 0 \\ 0 & r^2 \end{pmatrix} \tag{5.83}$$

ergibt. Das Wegelement wird damit zu

$$ds^2 = dr^2 + r^2\, d\varphi^2. \tag{5.84}$$

Im nächsten Beispiel verwenden wir für die Sphäre eine lokale Parametrisierung. Es ist daher an dieser Stelle anzumerken, dass die Karten von Flächen, welche in den Euklidischen Raum eingebettet sind, den lokalen Parametrisierungen entsprechen. Ist $F : V \to M$ eine lokale Parametrisierung der Fläche M, wobei $V \subset \mathbb{R}^n$ eine offene Menge ist, dann ist mit $U := F(V)$ die Abbildung $x := F^{-1} : U \to V$ eine Karte von M.[32] Der metrische Tensor berechnet sich nach [Bär13, S. 29] dann zu

$$g_{ij}(x) = \left\langle \frac{\partial F}{\partial x^i}, \frac{\partial F}{\partial x^j} \right\rangle. \tag{5.85}$$

Beispiel 5.41 (Sphäre)
Für die Sphäre $M = S^2 \subset \mathbb{R}^3$ mit dem Radius r lautet eine lokale Parametrisierung:

$$F : (0, \pi) \times (0, 2\pi) \to S^2, \tag{5.86}$$
$$(\theta, \varphi) \mapsto (r \sin(\theta) \cos(\varphi), r \sin(\theta) \sin(\varphi), r \cos(\theta)). \tag{5.87}$$

Wir berechnen zunächst

$$\frac{\partial F}{\partial \theta} = (r \cos(\theta) \cos(\varphi), r \cos(\theta) \sin(\varphi), -r \sin(\theta)), \tag{5.88}$$
$$\frac{\partial F}{\partial \varphi} = (-r \sin(\theta) \sin(\varphi), r \sin(\theta) \cos(\varphi), 0). \tag{5.89}$$

Nach Gl. (5.85) lassen sich mit Gl. (5.88) und Gl. (5.89) die Koeffizienten des metrischen Tensors bestimmen zu

---

[32] Siehe [Bär13, S. 29].

$$g_{\theta\theta} = \left\langle \frac{\partial F}{\partial \theta}, \frac{\partial F}{\partial \theta} \right\rangle = r^2, \tag{5.90}$$

$$g_{\theta\varphi} = g_{\varphi\theta} = \left\langle \frac{\partial F}{\partial \varphi}, \frac{\partial F}{\partial \theta} \right\rangle = 0, \tag{5.91}$$

$$g_{\varphi\varphi} = \left\langle \frac{\partial F}{\partial \varphi}, \frac{\partial F}{\partial \varphi} \right\rangle = r^2 \sin^2(\theta). \tag{5.92}$$

Da wir die Sphäre als eingebettete Fläche im $\mathbb{R}^3$ betrachten, ist $\langle \cdot, \cdot \rangle$ hier ebenfalls das euklidische Skalarprodukt. In Matrixschreibweise erhalten wir

$$(g_{ij}) = \begin{pmatrix} r^2 & 0 \\ 0 & r^2 \sin^2(\theta) \end{pmatrix}, \tag{5.93}$$

sodass sich für das Wegelement der Kugeloberfläche

$$ds^2 = r^2(d\theta^2 + \sin^2(\theta)\, d\varphi^2) \tag{5.94}$$

ergibt.

Wie wir an den beiden Beispielen erkennen können, stellt die Koordinatenabhängigkeit des metrischen Tensors ein notwendiges, aber nicht hinreichendes Kriterium für einen gekrümmten Raum dar. In zweidimensionalen Polarkoordinaten ist der metrische Tensor koordinatenabhängig (Gl. (5.83)), aber die Ebene ist bekanntlich flach. Durch eine *globale* Koordinatentransformation lässt sich der metrische Tensor in die euklidische Form in Gl. (5.79) bringen. Im Allgemeinen ist das auf gekrümmten Mannigfaltigkeiten nicht möglich.[33]

In einem Punkt der Mannigfaltigkeit lässt sich jedoch der metrische Tensor auf eine besonders einfache Form bringen.

Satz 5.42 Sei (M, g) eine pseudo-Riemann'sche Mannigfaltigkeit mit $p \in M$. Dann existiert eine (verallgemeinerte) Orthonormalbasis $\{e_i\}$ des Tangentialraums $T_p M$, d. h. es gilt

$$\langle e_i, e_j \rangle = \begin{cases} 0, & i \neq j, \\ \epsilon_i \in \{\pm 1\}, & i = j. \end{cases} \tag{5.95}$$

---

[33] Wenn wir an dieser Stelle von gekrümmten und flachen Mannigfaltigkeiten sprechen, bedienen wir uns der Anschauung. Ein mathematisches Kriterium für eine Krümmung der Mannigfaltigkeit werden wir mit dem Riemann'schen Krümmungstensor im nächsten Kapitel erhalten.

Für die zugehörige Darstellungsmatrix gilt also

$$(g_{ij}) = \text{diag}(1, \ldots, 1, -1, \ldots, -1). \tag{5.96}$$

Der Satz beruht auf einem wichtigen Ergebnis aus der linearen Algebra. Demnach lässt sich die Darstellungsmatrix einer symmetrischen Bilinearform diagonalisieren, sodass auf der Diagonalen nur die Einträge 0 und ± 1 stehen.[34] In unserem Fall liefert die Metrik g in jedem Punkt p eine symmetrische Bilinearform auf dem Tangentialraum $T_p M$. Da die zugehörige Matrix (g_{ij}) invertierbar ist, betragen die Diagonaleinträge alle ± 1. Es lässt sich also festhalten, dass wir in jedem Punkt p der Mannigfaltigkeit eine Koordinatentransformation $x'(x)$ finden können, die den metrischen Tensor *in diesem Punkt* auf die Form

$$(g'_{ij}(p)) = \text{diag}(1, \ldots, 1, -1, \ldots, -1) \tag{5.97}$$

bringt.

Nach dem *Trägheitssatz von Sylvester* ist die Anzahl der positiven und negativen Diagonalelemente unabhängig von der Transformation, die zur Diagonalform führt. Diese Anzahl legt daher die eindeutige *Signatur* der Metrik g fest.

Die Raumzeit als Mannigfaltigkeit

Am Ende dieses Kapitels wollen wir die bisherigen mathematischen Begriffe mit den physikalischen Begriffsbildungen aus den vorangegangenen Kapiteln kurz in Verbindung bringen.[35]

Zunächst legen wir für die gekrümmte Raumzeit der ART eine vierdimensionale pseudo-Riemann'sche Mannigfaltigkeit (M, g) zugrunde. Die Signatur des metrischen Tensors g soll dabei identisch mit der Signatur des Minkowski-Tensors

$$\eta = (\eta_{ij}) = \text{diag}(1, -1, -1, -1) \tag{5.98}$$

---

[34] Für einen Beweis und weitere Informationen sei an [KB18, S. 641ff] verwiesen. Ein Beweis hierfür lässt sich allerdings auch in den meisten anderen Standardwerken zur linearen Algebra finden.

[35] Wir werden im folgenden Abschnitt nicht die bekannten Begriffe aus den physikalischen Kapiteln aufgreifen und im mathematischen Kontext von Mannigfaltigkeiten neu definieren. Dies ist durchaus möglich und im Sinne einer mathematischen Präzisierung auch sinnvoll. Allerdings wurde aus Platzgründen darauf verzichtet. Wer dennoch an einer solchen Darstellung interessiert ist, wird in [ONe10, S. 163ff] fündig werden.

der flachen Raumzeit der SRT sein.[36] Diesen hatten wir bereits in Abschnitt *3.1 Die Raumzeit der SRT* kennengelernt.

Für die folgende Diskussion ist es ausreichend, den Beobachter mit einem Punkt $p \in M$ zu identifizieren.[37] Mit einem Beobachter ist ein Bezugssystem verknüpft, welches durch die Wahl einer Karte bzw. eines lokalen Koordinatensystems beschrieben werden kann.

Betrachten wir zunächst die flache Raumzeit der SRT mit dem Minkowski-Tensor η_{ij}. Den Minkowski-Raum können wir jetzt als pseudo-Riemann'sche Mannigfaltigkeit $(\mathbb{R}^4, \eta)$ begreifen. Die Besonderheit des Minkowski-Raums liegt darin, dass sich für einen Beobachter eine globale Karte bzw. ein globales Koordinatensystem wählen lässt, in dem der metrische Tensor die Form $(\eta_{ij}) = \mathrm{diag}(1, -1, -1, -1)$ besitzt. Nach Beispiel 5.3 würde daher schon eine einzige Karte einen Atlas bilden. Natürlich gibt es noch mehr als eine globale Karte, für die $(\eta_{ij}) = \mathrm{diag}(1, -1, -1, -1)$ gilt. Wir hatten die Lorentz-Transformationen als spezielle Klasse von Transformationen kennengelernt, die den metrischen Tensor invariant lassen. Diese Transformationen vermitteln zwischen Inertialsystemen, welche eine spezielle Klasse von globalen Karten bzw. globalen Koordinatensystemen bilden. Wie wir bereits wissen, gibt es neben den Inertialsystemen auch nicht-inertiale Bezugssysteme. Durch eine Koordinatentransformation ließe sich in ein solches System übergehen. Der Minkowski-Tensor würde dann in einer entsprechenden Karte bzw. einem Koordinatensystem nicht mehr die Form $(\eta_{ij}) = \mathrm{diag}(1, -1, -1, -1)$ annehmen. Sämtliche Karten, die sich zur Beschreibung der Raumzeit auswählen lassen und untereinander kompatibel sind, bilden einen Atlas.

In der ART reicht eine einzige Karte nicht aus, um die gesamte Raumzeitmannigfaltigkeit beschreiben zu können. Hierfür ist ein Atlas nötig, der die gesamte Raumzeit überdeckt und mehrere untereinander kompatible Karten umfasst. Ein Beobachter kann nur in einer Umgebung eine Karte bzw. ein lokales Koordinatensystem wählen, wobei der metrische Tensor g_{ij} koordinatenabhängig ist. Mit Satz 5.42 können wir allerdings in jedem Punkt p der Raumzeit eine Koordinatentransformation finden, sodass

$$g_{ij}(p) = \eta_{ij} \tag{5.99}$$

---

[36] Die lateinischen Indizes i, j laufen bis zum Ende dieses Abschnitts ausnahmsweise von $1, \ldots, 4$.

[37] In der Literatur wird unter einem Beobachter auch häufig eine Kurve $c : I \to M$ verstanden, deren Geschwindigkeitsvektor $\dot{c}(t) \in T_{c(t)}M$ in jedem Punkt der Kurve zeitartig ist mit $\langle \dot{c}, \dot{c} \rangle = c^2$. Ein Punkt $p \in M$ zusammen mit einem zeitartigen Tangentialvektor $X \in T_p M$ wird dann *momentaner* Beobachter genannt. Siehe [Olo18, S. 56] oder [ONe10, S. 163].

gilt. Wir kommen daher an dieser Stelle zu der Erkenntnis, dass das Äquivalenzprinzip, nach dem in einem hinreichend kleinen Raumzeitbereich die Gesetze der SRT gelten, streng genommen nur in einem Punkt erfüllt ist. Demnach ist das Lokale Inertialsystem nur in einem Punkt der Raumzeit realisiert. Wir können allerdings ein lokales Koordinatensystem finden, mit dem wir die Idee der Lokalen Inertialsysteme noch besser beschreiben können. Darauf kommen wir im nächsten Kapitel an geeigneter Stelle zurück.

Differentialgeometrie: Krümmung und Geodäten

6

Die ersten geometrischen Grundlagen sind geschaffen. Wir wissen jetzt, was wir unter einer Mannigfaltigkeit verstehen und wie wir auf dieser mittels der Tangentialräume Vektoren und Tensoren einführen können. Statten wir die Mannigfaltigkeit mit einer nicht-entarteten Metrik aus, die im Allgemeinen koordinatenabhängig ist, erhalten wir eine pseudo-Riemann'sche Mannigfaltigkeit. Im nächsten Schritt werden wir sehen, wie sich Tensorfelder auf Mannigfaltigkeiten ableiten lassen. Das führt uns zu dem Begriff des linearen Zusammenhangs und der kovarianten Ableitung, welche die partielle Ableitung verallgemeinern wird. Geometrisch werden wir die kovariante Ableitung als Paralleltransport von Vektoren diskutieren. Anschließend behandeln wir mit den *Geodäten* eine spezielle Klasse von Kurven, die in der ART die Bahnkurven kräftefreier Teilchen beschreiben. In diesem Zusammenhang werden wir mit der Exponentialabbildung ein besonderes Koordinatensystem kennenlernen, welches mit dem Lokalen Inertialsystem identifiziert werden kann. Im letzten Abschnitt wird der Krümmungstensor, der für die Einstein'schen Feldgleichungen der ART von großer Bedeutung ist, diskutiert. Für die Aufarbeitung der Inhalte wurden, falls nicht anders gekennzeichnet, die Lehrbücher [Lee97], [Küh12], [Fis17], [Car14], [ONe10], [Nak15], [Ryd09] und [Sch17] verwendet.

6.1   Kovariante Ableitung

Die Richtungsableitung einer reellwertigen Funktion $f \in \mathcal{F}(M)$ in Richtung eines Vektorfelds $V \in \mathcal{V}(M)$ kennen wir bereits. Das Vektorfeld lässt man dabei einfach auf f wirken. In lokalen Koordinaten mit der Basis $\{\partial_1, \ldots, \partial_n\}$ erhalten wir für $V = V^i \partial_i$ die Richtungsableitung

L. Scharfe, *Geometrie der Allgemeinen Relativitätstheorie*, BestMasters,
https://doi.org/10.1007/978-3-658-40361-4_6

$$V(f) = V^i \frac{\partial f}{\partial x^i}. \tag{6.1}$$

Wenn wir nicht in eine bestimmte Richtung ableiten, haben wir das Differential der skalaren Funktion f als Kovektor

$$df = \frac{\partial f}{\partial x^i} \, dx^i \tag{6.2}$$

kennengelernt. Betrachten wir nun Vektorfelder, ergibt deren partielle Ableitung im Allgemeinen keinen Tensor. Das machen wir uns deutlich, indem wir die partielle Ableitung der Koeffizienten $V^i(x)$ bilden und deren Transformationsverhalten betrachten. Mit der Koordinatentransformation $x'(x)$ und Tabelle 5.1 ergibt sich

$$\frac{\partial V'^i}{\partial x'^j} = \frac{\partial}{\partial x'^j}\left(\frac{\partial x'^i}{\partial x^k} V^k\right) = \frac{\partial x^l}{\partial x'^j} \frac{\partial}{\partial x^l}\left(\frac{\partial x'^i}{\partial x^k} V^k\right)$$
$$= \frac{\partial^2 x'^i}{\partial x^l \partial x^k} \frac{\partial x^l}{\partial x'^j} V^k + \frac{\partial x'^i}{\partial x^k} \frac{\partial x^l}{\partial x'^j} \frac{\partial V^k}{\partial x^l}, \tag{6.3}$$

wobei im letzten Schritt die Produktregel angewendet wurde. Während der rechte Term dem Transformationsgesetz der Koeffizienten eines $(1, 1)$-Tensors entspricht, zerstört der linke Term mit der zweiten Ableitung den Tensorcharakter. Unser Ziel in der ART ist es, die physikalischen Gesetze als Tensorgleichungen zu formulieren.[1] Wir benötigen daher eine Ableitung, die sich wie ein Tensor transformiert.

Um diesem Problem der Ableitung von Vektorfeldern heuristisch auf den Grund zu gehen, betrachten wir die gewöhnliche Ableitung der Vektorfeldkoeffizienten $V^i(x)$ im Euklidischen Raum $\mathbb{R}^n$ als Grenzwert:

$$\frac{\partial V^i}{\partial x^j} = \lim_{\Delta x^j \to 0} \frac{V^i(x^1, \ldots, x^j + \Delta x^j, \ldots, x^n) - V^i(x^1, \ldots, x^j, \ldots, x^n)}{\Delta x^j}. \tag{6.4}$$

Die Differenz der Vektoren in den Punkten $x = (x^i)$ und $x + \Delta x = (x^1, \ldots, x^j + \Delta x^j, \ldots, x^n)$ ergibt wegen des unterschiedlichen Transformationsverhaltens der Vektoren in diesen Punkten keinen Vektor. Um die Differenz im Zähler zu bilden, müssen wir daher den Vektor $V^i(x)$ von x nach $x + \Delta x$ verschieben, ohne diesen beim Transport zu verändern. Für Vektoren am gleichen Ort ist die Differenz ein Vektor, sodass der Grenzwert auch wieder ein Vektor ist. Im Euklidischen Raum

---

[1] Die Formulierung der Gesetze als Tensorgleichungen korrespondiert mit dem Kovarianzprinzip, welches wir in Abschnitt *7.1 Kovarianzprinzip* ausführlicher diskutieren.

entspricht dieser Transport einer Verschiebung des Vektors parallel zu sich selbst.[2] Wir sprechen daher von einem Paralleltransport. Auf Mannigfaltigkeiten gibt es im Gegensatz zum Euklidischen Raum keinen natürlichen Weg, um einen Vektor parallel zu transportieren. Es ergibt sich die Schwierigkeit, dass sich zwei Elemente aus verschiedenen Tangentialräumen nicht ohne weitere Hilfsmittel vergleichen lassen. Um dennoch einen Ableitungsbegriff zu entwickeln, müssen wir daher angeben, *wie* ein Vektor von einem Punkt zum anderen parallel transportiert wird und eine Vorschrift hierfür konstruieren. Die Festlegung, wie man parallel verschiebt, bedeutet einen *Zusammenhang* auf der Mannigfaltigkeit auszuwählen. Die Eigenschaften des Zusammenhangs werden dabei nach dem Vorbild der Richtungsableitung im Euklidischen Raum $\mathbb{R}^n$ festgelegt und als Rechenregeln gekennzeichnet. Wir werden später sehen, wie dies auf die Parallelverschiebung führt.

Definition 6.1 (Linearer Zusammenhang)

Ein *linearer Zusammenhang* ∇ auf einer Mannigfaltigkeit M ist eine Abbildung

$$\nabla : \mathcal{V}(M) \times \mathcal{V}(M) \to \mathcal{V}(M), \quad (V, W) \mapsto \nabla_V W$$

mit den folgenden Eigenschaften:

i) $\nabla_{V_1 + V_2} W = \nabla_{V_1} W + \nabla_{V_2} W$ und $\nabla_{fV} W = f \cdot (\nabla_V W)$.
   ($\mathcal{F}(M)$-linear im ersten Argument)

ii) $\nabla_V(\alpha W_1 + \beta W_2) = \alpha \nabla_V W_1 + \beta \nabla_V W_2, \quad \alpha, \beta \in \mathbb{R}$.
   ($\mathbb{R}$-linear im zweiten Argument)

iii) $\nabla_V(f W) = (V f) W + f \nabla_V W, \quad f \in \mathcal{F}(M)$.
   (Produktregel)

Das Vektorfeld $\nabla_V W$ heißt *kovariante Ableitung* von W in Richtung V bezüglich des Zusammenhangs ∇.

In lokalen Koordinaten mit der Basis $\{\partial_1, \ldots, \partial_n\}$ betrachten wir für die Vektorfelder $V = \partial_i$ und $W = W^j \partial_j$ die kovariante Ableitung von W in Richtung V. Mit der Produktregel aus Def. 6.1iii) ergibt sich

---

[2] Am Beispiel der Ebene wird dies in [Ryd09, S. 94 f] anschaulich gezeigt. Im Beispiel wird ggf. noch deutlicher, warum die Differenz zweier Vektoren an unterschiedlichen Punkten keinen Vektor ergibt.

$$\nabla_V W = \nabla_{\partial_i} (W^j \partial_j)$$

$$= \left(\frac{\partial W^j}{\partial x^i} \partial_j + W^m \nabla_{\partial_i} \partial_m \right). \tag{6.5}$$

Nach Def. 6.1 muss der Ausdruck $\nabla_{\partial_i} \partial_m$ ein Vektorfeld sein. Wir können daher $\nabla_{\partial_i} \partial_m$ bezüglich der Basis $\{\partial_1, \ldots, \partial_n\}$ darstellen.

Definition 6.2 Die durch die Darstellung

$$\nabla_{\partial_i} \partial_m = \Gamma^j_{im} \partial_j \tag{6.6}$$

definierten Koeffizientenfunktionen Γ^j_{im} nennt man *Christoffel-Symbole* des linearen Zusammenhangs ∇.

Die Christoffel-Symbole lassen sich damit als Maß für die Änderung eines Basis-vektors interpretieren, wenn dieser in eine Koordinatenrichtung verschoben wird. Mit Gl. (6.6) wird Gl. (6.5) zu

$$\nabla_{\partial_i} W = \left(\frac{\partial W^j}{\partial x^i} + W^m \Gamma^j_{im} \right) \partial_j. \tag{6.7}$$

Verwenden wir für die partielle Ableitung die Schreibweise

$$W^j{}_{,i} := \frac{\partial W^j}{\partial x^i}, \tag{6.8}$$

können wir die Koeffizienten der kovarianten Ableitung $\nabla_{\partial_i} W$ abkürzen durch

$$W^j{}_{;i} = W^j{}_{,i} + W^m \Gamma^j_{im}. \tag{6.9}$$

In Gl. (6.7) haben wir das Vektorfeld W in eine bestimmte Richtung abgeleitet. Ähnlich wie für das Differential einer skalaren Funktion in Gl. (6.2), können wir das *kovariante Differential* angeben:

$$\nabla W = W^j{}_{;i} \partial_j \otimes dx^i. \tag{6.10}$$

In dieser Form sehen wir direkt, dass die kovariante Ableitung eines Vektorfelds einen $(1, 1)$-Tensor liefert.

Nach Def. 6.1 wirkt die kovariante Ableitung nur auf Vektorfelder. Es liegt jedoch nahe, den Begriff auf beliebige Tensorfelder zu erweitern. Betrachten wir zunächst skalare Funktionen $f \in \mathcal{F}(M)$. Hier geht die kovariante Ableitung über in die Richtungsableitung in Gl. (6.1), d. h. wir definieren

$$\nabla_V f := V(f). \tag{6.11}$$

Um die kovariante Ableitung eines Kovektorfeldes $\omega \in \mathcal{V}^*(M)$ zu finden, gehen wir ganz ähnlich vor. Für die Basiskovektoren $\{dx^1, \ldots, dx^n\}$ lässt sich zunächst analog zu Gl. (6.6) die folgende Darstellung angeben:

$$\nabla_{\partial_i} dx^m = \tilde{\Gamma}^m_{ij} dx^j \tag{6.12}$$

mit den Christoffel-Symbolen $\tilde{\Gamma}^j_{im}$ für die Basiskovektoren. Bilden wir nun den Ausdruck $\nabla_{\partial_k}(dx^i \, \partial_j)$, erhalten wir einerseits

$$\nabla_{\partial_k}(dx^i \, \partial_j) = \nabla_{\partial_k}(dx^i(\partial_j)) = \nabla_{\partial_k} \delta^i_j = 0. \tag{6.13}$$

Verlangen wir andererseits die Gültigkeit der Produktregel, ergibt sich

$$\begin{aligned}
\nabla_{\partial_k}(dx^i \, \partial_j) &= (\nabla_{\partial_k} dx^i) \, \partial_j + dx^i \, (\nabla_{\partial_k} \partial_j) \\
&= \tilde{\Gamma}^i_{km} dx^m \, \partial_j + dx^i \, \Gamma^l_{kj} \, \partial_l \\
&= \tilde{\Gamma}^i_{km} \underbrace{dx^m(\partial_j)}_{= \delta^m_j} + \underbrace{dx^i(\partial_l)}_{= \delta^i_l} \Gamma^l_{kj} \\
&= \tilde{\Gamma}^i_{kj} + \Gamma^i_{kj} \overset{(6.13)}{=} 0.
\end{aligned}$$

Daraus erhalten wir $\tilde{\Gamma}^i_{kj} = -\Gamma^i_{kj}$ und es folgt

$$\nabla_{\partial_i} dx^m = -\Gamma^m_{ij} dx^j. \tag{6.14}$$

Eine ähnliche Rechnung wie in Gl. (6.5) liefert damit die kovariante Ableitung für ein Kovektorfeld $\omega = \omega_j \, dx^j \in \mathcal{V}^*(M)$ in Richtung des Vektorfelds $V = \partial_i$ durch

$$\nabla_{\partial_i}\,\omega = \nabla_{\partial_i}\,(\omega_j\,dx^j) = \left(\frac{\partial\omega_j}{\partial x^i}\,dx^j + \omega_j\,\nabla_{\partial_i}dx^j\right)$$

$$= \left(\frac{\partial\omega_j}{\partial x^i}\,dx^j - \omega_j\,\Gamma^j_{im}dx^m\right) = \left(\frac{\partial\omega_j}{\partial x^i} - \omega_m\Gamma^m_{ij}\right)dx^j. \qquad (6.15)$$

Für die Koeffizienten von $\nabla_{\partial_i}\,\omega$ schreiben wir kurz

$$\omega_{j;i} = \omega_{j,i} - \omega_m\,\Gamma^m_{ij}. \qquad (6.16)$$

Die kovariante Ableitung lässt sich jetzt leicht für beliebige Tensoren berechnen. Betrachten wir beispielhaft einen zweifach kontravarianten Tensor $T \in \mathcal{T}^2_0 M$, also

$$T = t^{ij}\,\partial_i \otimes \partial_j. \qquad (6.17)$$

Für die kovariante Ableitung in Richtung des Vektorfelds $V = \partial_k$ ergibt sich

$$\begin{aligned}\nabla_{\partial_k}\,T &= \nabla_{\partial_k}\,(t^{ij}\,\partial_i \otimes \partial_j)\\ &= (\partial_k t^{ij})\,\partial_i \otimes \partial_j + t^{ij}\,(\nabla_{\partial_k}\partial_i) \otimes \partial_j + t^{ij}\,\partial_i \otimes (\nabla_{\partial_k}\partial_j)\\ &= (t^{ij}{}_{,k} + t^{mj}\,\Gamma^i_{km} + t^{im}\,\Gamma^j_{km})\,\partial_i \otimes \partial_j\\ &= t^{ij}{}_{;k}\,\partial_i \otimes \partial_j.\end{aligned}$$

Im ersten Schritt wurde dabei die Produktregel auf Tensoren „ausgeweitet". Außerdem wurde berücksichtigt, dass die kovariante Ableitung auf die Koeffizientenfunktionen des Tensors nach Gl. (6.11) wie die partielle Ableitung wirkt.[3] Wir erhalten also

$$t^{ij}{}_{;k} = t^{ij}{}_{,k} + t^{mj}\,\Gamma^i_{km} + t^{im}\,\Gamma^j_{km}. \qquad (6.18)$$

Durch ähnliche Rechnungen erhält man für die Koeffizienten eines zweifach kovarianten und eines $(1, 1)$-Tensors

$$t_{ij;k} = t_{ij,k} - t_{mj}\,\Gamma^m_{ik} - t_{mi}\,\Gamma^m_{kj} \qquad (6.19)$$

$$\text{und}\quad t^i{}_{j;k} = t^i{}_{j,k} + t^m{}_j\,\Gamma^i_{km} - t^i{}_m\,\Gamma^m_{kj}. \qquad (6.20)$$

---

[3] Der formal korrektere Weg würde hier über *Tensorderivationen* führen. Eine ausführlichere Diskussion wäre aber in unserem Fall nicht zielführend und zu umfangreich. Dennoch sei für weitere Informationen an [ONe10, S. 43–46] verwiesen.

Satz 6.3 Die Christoffel-Symbole transformieren sich unter der Koordinatentransformation $x'(x)$ gemäß

$$\Gamma'^{r}_{ij} = \frac{\partial x'^{r}}{\partial x^{m}} \frac{\partial x^{k}}{\partial x'^{i}} \frac{\partial x^{l}}{\partial x'^{j}} \Gamma^{m}_{kl} + \frac{\partial x'^{r}}{\partial x^{m}} \frac{\partial^{2} x^{m}}{\partial x'^{i} \partial x'^{j}}. \tag{6.21}$$

Beweis: Gemäß den Bezeichnungen aus Tabelle 5.1 transformieren sich die Basisvektoren zu $\partial'_{i} = \bar{\alpha}^{j}_{\ i} \, \partial_{j}$ und $\partial_{j} = \alpha^{i}_{\ j} \, \partial'_{i}$. Nach Def. 6.2 der Christoffel-Symbole gilt in (U, x') die Beziehung $\nabla_{\partial'_{i}} (\partial'_{j}) = \Gamma'^{r}_{ij} \, \partial'_{r}$. Andererseits berechnen wir:

$$\nabla_{\partial'_{i}} (\partial'_{j}) = \nabla_{\bar{\alpha}^{k}_{\ i} \, \partial_{k}} (\bar{\alpha}^{l}_{\ j} \, \partial_{l}) = \bar{\alpha}^{k}_{\ i} \, \nabla_{\partial_{k}} (\bar{\alpha}^{l}_{\ j} \, \partial_{l})$$

$$= \bar{\alpha}^{k}_{\ i} \left(\frac{\partial}{\partial x^{k}} \bar{\alpha}^{l}_{\ j} \, \partial_{l} + \bar{\alpha}^{l}_{\ j} \nabla_{\partial_{k}} \partial_{l} \right)$$

$$= \bar{\alpha}^{k}_{\ i} \left(\frac{\partial}{\partial x^{k}} \bar{\alpha}^{l}_{\ j} \, \partial_{l} + \bar{\alpha}^{l}_{\ j} \, \Gamma^{m}_{kl} \partial_{m} \right)$$

$$= \bar{\alpha}^{k}_{\ i} \left(\frac{\partial}{\partial x^{k}} \bar{\alpha}^{m}_{\ j} + \bar{\alpha}^{l}_{\ j} \, \Gamma^{m}_{kl} \right) \partial_{m}$$

$$= \bar{\alpha}^{k}_{\ i} \left(\frac{\partial}{\partial x^{k}} \bar{\alpha}^{m}_{\ j} + \bar{\alpha}^{l}_{\ j} \, \Gamma^{m}_{kl} \right) \alpha^{r}_{\ m} \partial'_{r}$$

$$= \alpha^{r}_{\ m} \left(\bar{\alpha}^{k}_{\ i} \, \bar{\alpha}^{l}_{\ j} \, \Gamma^{m}_{kl} + \bar{\alpha}^{k}_{\ i} \, \frac{\partial}{\partial x^{k}} \bar{\alpha}^{m}_{\ j} \right) \partial'_{r}$$

$$= \alpha^{r}_{\ m} \left(\bar{\alpha}^{k}_{\ i} \, \bar{\alpha}^{l}_{\ j} \, \Gamma^{m}_{kl} + \frac{\partial}{\partial x'^{i}} \bar{\alpha}^{m}_{\ j} \right) \partial'_{r}.$$

Aus der letzten Zeile lässt sich das Transformationsgesetz der Christoffel-Symbole ablesen. $\square$

An dem Transformationsgesetz der Christoffel-Symbole in Gl. (6.21) ist ersichtlich, dass diese wegen des rechten Summanden keine Tensoren sind. Bilden wir hingegen die Differenz der Christoffel-Symbole und vertauschen dabei die unteren beiden Indizes, also

$$T^{r}_{ij} = \Gamma^{r}_{ij} - \Gamma^{r}_{ji}, \tag{6.22}$$

erhalten wir einen Tensor. Da der rechte Summand in Gl. (6.21) symmetrisch in den beiden Indizes i und j ist, fällt dieser bei der Transformation von T^{r}_{ij} weg, womit sich die Größe wie ein $(1, 2)$-Tensor transformiert. Man nennt diesen Tensor in Gl. (6.22) *Torsionstensor*. In koordinatenunabhängiger Sprache wird er wie folgt beschrieben.

Definition 6.4 Jedem linearen Zusammenhang ∇ ist ein *Torsionstensor* zugeordnet, der durch die Abbildung

$$T : \mathcal{V}(M) \times \mathcal{V}(M) \to \mathcal{V}(M),$$
$$T(V, W) = \nabla_V W - \nabla_W V - [V, W] \qquad (6.23)$$

für Vektorfelder $V, W \in \mathcal{V}(M)$ definiert ist.[4]

Die Koeffizienten des Torsionstensors in Gl. (6.22) ergeben sich, wenn man die Basisvektorfelder in die Definition in Gl. (6.23) einsetzt und beachtet, dass die Lie-Klammer für die Basisvektorfelder nach Satz 5.29iv) verschwindet.

In der ART wird angenommen, dass die Raumzeit *torsionsfrei* ist, d. h. der Torsionstensor verschwindet.[5] Die Christoffel-Symbole werden damit symmetrisch in ihren unteren beiden Indizes:

$$\Gamma^r_{ij} = \Gamma^r_{ji}. \qquad (6.24)$$

6.1.1 Levi-Civita-Zusammenhang

Auf einer Mannigfaltigkeit lassen sich verschiedene Zusammenhänge auswählen. Die Vorschrift, wie wir parallel verschieben, ist also *nicht* eindeutig. Sobald wir jedoch die Mannigfaltigkeit mit einer Metrik g ausstatten, wird der Zusammenhang eindeutig. Allerdings müssen dazu zwei weitere Eigenschaften erfüllt sein. Zunächst fordern wir nach dem Vorbild des Euklidischen Raums $\mathbb{R}^n$ die Eigenschaft, dass die kovariante Ableitung bezüglich der Metrik g auf einer Mannigfaltigkeit die Produktregel erfüllt:

---

[4] Wir müssten an dieser Stelle eigentlich zeigen, dass die Abbildung T ein $(1, 2)$-Tensor ist. Dazu zeigt man nach Bemerkung 5.36, dass T multilinear über dem Funktionenraum $\mathcal{F}(M)$ ist. Mit den Rechenregeln aus Def. 6.1 und Satz 5.29iv) ließe sich dies einfach nachweisen. Da wir den Torsionstensor im Folgenden nicht weiter verwenden, wird auf einen ausgeschriebenen Nachweis verzichtet. Für den Riemann'schen Krümmungstensor wird in Satz 6.23 exemplarisch eine Rechnung dieser Art vorgeführt.

[5] Nach [Mis08, S. 250] führt eine Gravitationstheorie, die auf dem Äquivalenzprinzip basiert, notwendigerweise auf eine torsionsfreie Raumzeit. Der Torsionstensor spielt daher in der ART und auch im Folgenden dieser Arbeit keine besondere Rolle. Es sei jedoch angemerkt, dass man ohne die Annahme der Torsionsfreiheit auf eine Verallgemeinerung der ART stößt, die man *Einstein-Cartan-Theorie* nennt. In Kapitel *8 Fazit und Ausblick* werden wir noch einmal kurz darauf zu sprechen kommen. Für eine geometrisch anschauliche Interpretation der Torsion sei an [Sch02, S. 57] verwiesen.

$$\nabla_X \langle V, W \rangle = \langle \nabla_X V, W \rangle + \langle V, \nabla_X W \rangle \qquad (6.25)$$

für Vektorfelder $V, W, X \in \mathcal{V}(M)$. Setzen wir zwei Vektorfelder in die Metrik ein, liefert diese eine Funktion von M in die reellen Zahlen. Für die linke Seite von Gl. (6.25) schreiben wir gemäß Gl. (6.11) daher $\nabla_X \langle V, W \rangle = X \langle V, W \rangle$. Nehmen wir zusätzlich an, dass die Mannigfaltigkeit torsionsfrei ist, können wir den folgenden zentralen Satz der Riemann'schen Geometrie formulieren.

Satz 6.5 (Hauptsatz der Riemann'schen Geometrie)
Auf einer pseudo-Riemann'schen Mannigfaltigkeit M mit der Metrik g existiert genau ein linearer Zusammenhang ∇ mit den Eigenschaften i), ii) und iii) aus Def. 6.1 und den zusätzlichen Eigenschaften:
iv) $X\langle V, W \rangle = \langle \nabla_X V, W \rangle + \langle V, \nabla_X W \rangle$.
(Kompatibel mit der Metrik g)
v) $T(V, W) = 0 \iff \nabla_V W - \nabla_W V = [V, W]$.
(Torsionsfrei)
Den Zusammenhang ∇ nennt man *Levi-Civita-Zusammenhang* von (M, g).

Beweis: Wir zeigen die Eindeutigkeit, indem wir eine Formel für den Zusammenhang ∇ herleiten. Dazu nehmen wir an, dass durch ∇ ein linearer Zusammenhang mit den zusätzlichen Eigenschaften iv) und v) aus Satz 6.5 gegeben ist. Seien $V, W, X \in \mathcal{V}(M)$ Vektorfelder. Wenn wir iv) in den Argumenten V, W, X zyklisch permutieren, erhalten wir die drei Gleichungen

$$X\langle V, W \rangle = \langle \nabla_X V, W \rangle + \langle V, \nabla_X W \rangle, \qquad (6.26)$$

$$V\langle W, X \rangle = \langle \nabla_V W, X \rangle + \langle W, \nabla_V X \rangle, \qquad (6.27)$$

$$W\langle X, V \rangle = \langle \nabla_W X, V \rangle + \langle X, \nabla_W V \rangle. \qquad (6.28)$$

Unter Benutzung der Bedingung v) im jeweils letzten Term der drei Gleichungen ergibt sich

$$X\langle V, W \rangle = \langle \nabla_X V, W \rangle + \langle V, \nabla_W X \rangle + \langle V, [X, W] \rangle, \qquad (6.29)$$

$$V\langle W, X \rangle = \langle \nabla_V W, X \rangle + \langle W, \nabla_X V \rangle + \langle W, [V, X] \rangle, \qquad (6.30)$$

$$W\langle X, V \rangle = \langle \nabla_W X, V \rangle + \langle X, \nabla_V W \rangle + \langle X, [W, V] \rangle. \qquad (6.31)$$

Addieren der ersten beiden Gleichungen und subtrahieren der dritten Gleichung liefert

$$X\langle V, W\rangle + V\langle W, X\rangle - W\langle X, V\rangle =$$
$$2\langle \nabla_X V, W\rangle + \langle V, [X, W]\rangle + \langle W, [V, X]\rangle - \langle X, [W, V]\rangle.$$

Umstellen nach $\langle \nabla_X V, W\rangle$ ergibt

$$\langle \nabla_X V, W\rangle = \frac{1}{2}\Big(X\langle V, W\rangle + V\langle W, X\rangle - W\langle X, V\rangle$$
$$- \langle V, [X, W]\rangle - \langle W, [V, X]\rangle + \langle X, [W, V]\rangle. \tag{6.32}$$

Diese Gleichung heißt *Koszul-Formel*[6] und liefert eine explizite Definition des Vektorfelds $\nabla_X V$. Angenommen ∇^1 und ∇^2 sind zwei verschiedene Levi-Civita-Zusammenhänge. Da die rechte Seite der Koszul-Gleichung (6.32) nicht von dem Zusammenhang abhängt, folgt $\langle \nabla_X^1 V - \nabla_X^2 V, Z\rangle = 0$ für alle V, W, X. Das gilt nur, wenn $\nabla_X^1 V = \nabla_X^2 V$ für alle X und V. Es gilt also $\nabla^1 = \nabla^2$.

Für die Existenz wird das Vektorfeld entsprechend Gl. (6.32) definiert und die Eigenschaften i)–v) verifiziert. Das kann in [Küh12, S. 158 f] nachgeschlagen werden. $\square$

Vereinbarung 6.6 Im Folgenden meinen wir mit dem Zusammenhang ∇ immer den Levi-Civita-Zusammenhang.

Die im Beweis hergeleitete Koszul-Formel liefert eine wichtige Beziehung zwischen den Christoffel-Symbolen und der Metrik. Hierzu setzen wir die Basisvektorfelder $X = \partial_i$, $V = \partial_j$ und $W = \partial_l$ in die Koszul-Formel ein und erhalten

$$\langle \nabla_{\partial_i}\partial_j, \partial_l\rangle = \frac{1}{2}(\partial_i\langle\partial_j, \partial_l\rangle + \partial_j\langle\partial_l, \partial_i\rangle - \partial_l\langle\partial_i, \partial_j\rangle). \tag{6.33}$$

---

[6] Benannt nach dem französischen Mathematiker Jean-Louis Koszul (1921–2018).

Hierbei ging ein, dass die Lie-Klammer für die Basisvektorfelder gemäß Satz 5.29v)
verschwindet. Setzen wir

$$g_{ij} = \langle \partial_i, \partial_j \rangle \quad \text{und} \quad \nabla_{\partial_i} \partial_j = \Gamma_{ij}^m \partial_m \qquad (6.34)$$

in Gl. (6.33) ein, ergibt sich

$$\Gamma_{ij}^m g_{ml} = \frac{1}{2}\left(\frac{\partial}{\partial x^i} g_{jl} + \frac{\partial}{\partial x^j} g_{li} - \frac{\partial}{\partial x^l} g_{ij} \right). \qquad (6.35)$$

Multiplizieren wir beide Seiten mit der Inversen g^{lk} erhalten wir

$$\Gamma_{ij}^m \underbrace{g_{ml} g^{lk}}_{=\,\delta_m^k} = \Gamma_{ij}^k = \frac{1}{2} g^{lk} \left(\frac{\partial}{\partial x^i} g_{jl} + \frac{\partial}{\partial x^j} g_{li} - \frac{\partial}{\partial x^l} g_{ij} \right). \qquad (6.36)$$

Damit ergibt sich mit der in Gl. (6.8) eingeführten Schreibweise der partiellen Ableitung die wichtige Gleichung

$$\Gamma_{ij}^k = \frac{1}{2} g^{kl} (g_{jl,i} + g_{li,j} - g_{ij,l}). \qquad (6.37)$$

Mit dieser Beziehung können wir zeigen, dass die kovariante Ableitung der
Metrik verschwindet:

$$g_{ij;r} = g_{ij,r} - g_{kj}\Gamma_{ir}^k - g_{ik}\Gamma_{rj}^k$$

$$= g_{ij,r} - g_{kj}g^{kl}\frac{1}{2}(g_{rl,i} + g_{li,r} - g_{ir,l}) - g_{ik}g^{kl}\frac{1}{2}(g_{jl,r} + g_{lr,j} - g_{rj,l})$$

$$= g_{ij,r} - \delta_j^l\frac{1}{2}(g_{rl,i} + g_{li,r} - g_{ir,l}) - \delta_i^l\frac{1}{2}(g_{jl,r} + g_{lr,j} - g_{rj,l})$$

$$= g_{ij,r} - \frac{1}{2}(g_{rj,i} + g_{ji,r} - g_{ir,j}) - \frac{1}{2}(g_{ji,r} + g_{ir,j} - g_{rj,i})$$

$$= 0.$$

Wir halten also fest:

$$\nabla g = 0 \quad \text{bzw.} \quad g_{ij;r} = 0. \tag{6.38}$$

Betrachten wir im Folgenden wieder das Beispiel der Ebene.

Beispiel 6.7 (Ebene)
In kartesischen Koordinaten $(x^1, x^2) = (x, y)$ sind die metrischen Koeffizienten
für die Ebene $M = \mathbb{R}^2$ nach Beispiel 5.40 durch $g_{11} = g_{22} = 1$ und $g_{12} = g_{21} = 0$
gegeben. Daraus folgt unmittelbar, dass die Christoffel-Symbole alle verschwinden:

$$\Gamma^k_{ij} = 0, \quad k, i, j = 1, 2. \tag{6.39}$$

Das ist einsichtig, denn die Basisvektoren e_x und e_y ändern sich bei Verschiebung
entlang der Koordinatenachsen nicht.

Bestimmen wir nun die Christoffel-Symbole in krummlinigen Polarkoordinaten
$(x^1, x^2) = (r, \varphi)$. Mit der Koordinatentransformation in Gl. (5.80) ergibt sich für
die Basisvektoren $e_r = \partial_r$ und $e_\varphi = \partial_\varphi$ der folgende Zusammenhang:

$$e_r = \frac{\partial x}{\partial r} e_x + \frac{\partial y}{\partial r} e_y = \cos(\varphi)\, e_x + \sin(\varphi)\, e_y, \tag{6.40}$$

$$e_\varphi = \frac{\partial x}{\partial \varphi} e_x + \frac{\partial y}{\partial \varphi} e_y = -r \sin(\varphi)\, e_x + r \cos(\varphi)\, e_y. \tag{6.41}$$

Für den metrischen Tensor gilt

$$(g_{ij}) = \begin{pmatrix} 1 & 0 \\ 0 & r^2 \end{pmatrix}, \quad (g^{ij}) = \begin{pmatrix} 1 & 0 \\ 0 & 1/r^2 \end{pmatrix}, \tag{6.42}$$

sodass wir nach Gl. (6.37) die folgenden Christoffel-Symbole erhalten:

$$\Gamma^r_{\varphi\varphi} = -\frac{g^{rr}}{2} g_{\varphi\varphi,r} = -r, \tag{6.43}$$

$$\Gamma^\varphi_{\varphi r} = \Gamma^\varphi_{r\varphi} = -\frac{g^{\varphi\varphi}}{2} g_{\varphi\varphi,r} = \frac{1}{r}. \tag{6.44}$$

Alle anderen Ausdrücke verschwinden. Als kovariante Ableitungen der Basisvektoren erhalten wir:

$$\nabla_{e_r} e_r = 0, \quad \nabla_{e_\varphi} e_r = \nabla_{e_r} e_\varphi = \frac{1}{r} e_\varphi \quad \text{und} \quad \nabla_{e_\varphi} e_\varphi = -r \, e_r. \tag{6.45}$$

Anhand des Beispiels halten wir als Beobachtung fest, dass die Christoffel-Symbole auch im flachen Euklidischen Raum ungleich null sein können. Sie hängen vielmehr von den gewählten Koordinaten ab. Für ein weiteres Beispiel in Zylinderkoordinaten sei an [ONe10, S. 63 f] verwiesen.

6.1.2 Paralleltransport

Zu Beginn des Kapitels haben wir das Problem der Ableitung von Vektorfeldern geometrisch interpretiert. Dabei haben wir argumentiert, dass wir, um einen Vektor in Richtung eines anderen abzuleiten, den einen Vektor parallel zum Ort des anderen Vektors verschieben müssen. Den Paralleltransport von Vektoren wollen wir in diesem Abschnitt nochmals aufgreifen. Wir haben gesehen, dass uns die Frage nach der Ableitung von Vektorfeldern auf die kovariante Ableitung geführt hat, welche uns die tatsächliche Änderung eines Vektors liefert. Der Zusatzterm, der in der Koordinatenschreibweise der kovarianten Ableitung in Gl. (6.7) neben der partiellen Ableitung auftaucht, beschreibt dabei gemäß Gl. (6.6) die Änderung der Basisvektoren bei einer infinitesimalen Verschiebung. Aus diesen Überlegungen lässt sich nun ein Parallelitätsbegriff entwickeln.

Wir betrachten dabei zunächst Kurven, entlang derer wir später Vektoren verschieben, und Vektorfelder entlang dieser Kurven.

Definition 6.8 Sei $c : I \to M$ eine Kurve. Ein *Vektorfeld V entlang c* ist eine Abbildung

$$V : I \to TM, \quad t \mapsto V(t) \in T_{c(t)}M. \tag{6.46}$$

Die Menge aller Vektorfelder entlang c wird mit $\mathcal{V}_c(M)$ bezeichnet.

Die Vektorfelder entlang von Kurven sind wie herkömmliche Vektorfelder auf der Mannigfaltigkeit zu verstehen (vgl. Def. (5.26) und (5.27)) mit dem Unterschied, dass sie nur auf der Kurve definiert sind und von dem Kurvenparameter t abhängen. Zu bemerken ist auch, dass sich ein Vektorfeld $V \in \mathcal{V}_c(M)$ im Allgemeinen nicht zu einem Vektorfeld auf ganz M fortsetzen lässt. Die Kurve muss nämlich nicht injektiv sein. Es kann also passieren, dass $V(t_0) \neq V(t_1)$ obwohl $c(t_0) = c(t_1)$ für $t_0, t_1 \in I$ gilt (siehe Abb. 6.1, links). Ein Vektorfeld $V \in \mathcal{V}_c(M)$ heißt *fortsetzbar*, wenn für jedes $t_0 \in I$ ein $\epsilon_{t_0} > 0$ und ein Vektorfeld $\tilde{V}_{t_0} \in \mathcal{V}(M)$ existiert, sodass $\tilde{V}_{t_0}(c(t)) = V(t)$ für alle $|t - t_0| < \epsilon_{t_0}$ mit $t \in I$ gilt (siehe Abb. 6.1, rechts). Das heißt, wir können V in diesem Fall *lokal* zu einem Vektorfeld auf M fortsetzen.[7]

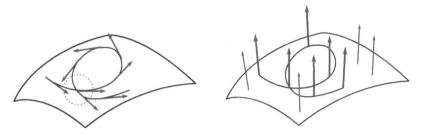

Abbildung 6.1 Links: Nicht fortsetzbares Vektorfeld. Rechts: Fortsetzbares Vektorfeld. Eigene Darstellung (angelehnt an [Lee97, S. 56])

Damit können wir der kovarianten Ableitung eines Vektorfelds entlang einer Kurve die folgende Bedeutung geben.

Satz 6.9 Sei ∇ der Levi-Civita-Zusammenhang und $c : I \to M$ eine Kurve. Dann existiert ein eindeutig bestimmter Operator

$$\frac{\nabla}{dt} : \mathcal{V}_c(M) \to \mathcal{V}_c(M), \quad V \mapsto \frac{\nabla}{dt}V, \tag{6.47}$$

mit den Eigenschaften

i) $\dfrac{\nabla}{dt}(\alpha V + \beta W) = \alpha \dfrac{\nabla}{dt} V + \dfrac{\nabla}{dt} W, \quad \alpha, \beta \in \mathbb{R}.$

ii) $\dfrac{\nabla}{dt}(f V) = \dot{f} V + f \dfrac{\nabla}{dt} V, \quad f \in C^\infty(I, M).$

iii) Falls V lokal fortsetzbar mit $\tilde{V}(c(t)) = V(t)$, $\tilde{V} \in \mathcal{V}(M)$, dann ist

$$\frac{\nabla}{dt} V(t) = \nabla_{\dot{c}} \tilde{V}(t).$$

Man nennt $\dfrac{\nabla}{dt} V$ *kovariante Ableitung von V entlang c.*

---

[7] Siehe [Lee97, S. 56].

Beweis: [Lee97, S. 57]. □

Im Wesentlichen leitet man für die Eindeutigkeit im Beweis von Satz 6.9 die Darstellung in lokalen Koordinaten her. Bei gegebener Kurve c mit dem Geschwindigkeitsvektor $\dot{c}(t) = \dot{c}^i(t)\partial_i$ und $V(t) = V^j(t)\partial_j$ ergibt sich

$$\frac{\nabla}{dt}V \overset{\text{Satz 6.9ii)}}{=} \dot{V}^j(t)\partial_j + V^j(t)\frac{\nabla}{dt}\partial_j \overset{\text{Satz 6.9iii)}}{=} \dot{V}^j(t)\partial_j + V^j(t)\nabla_{\dot{c}}\partial_j \quad (6.48)$$
$$= \left(\dot{V}^k(t) + V^j(t)\dot{c}^i(t)\Gamma_{ij}^k\right)\partial_j,$$

denn das Basisvektorfeld ∂_j ist lokal fortsetzbar. Wir erhalten damit ein paralleles Vektorfeld entlang c, wenn die kovariante Ableitung verschwindet.

Definition 6.10 Ein Vektorfeld V entlang einer Kurve $c : I \to M$ heißt *parallel entlang der Kurve c*, wenn $\dfrac{\nabla}{dt}V = 0$.

Zur Veranschaulichung betrachten wir die flache Ebene $M = \mathbb{R}^2$. In kartesischen Koordinaten ist $\Gamma_{ij}^k = 0$, sodass nach Gl. (6.48) das Vektorfeld $V(t) = V^k(t)\partial_k$ genau dann parallel ist, wenn $\dot{V}^k = 0$ ist. Bei einem parallelen Vektorfeld sind die Koeffizienten V^k also konstant.

In diesem Sinne liefert uns Def. 6.10 eine Verallgemeinerung des Begriffs paralleler Vektoren. Mit der Koordinatenschreibweise in Gl. (6.48) erhalten wir für ein Vektorfeld V parallel entlang c die Differentialgleichung

$$\frac{dV^k}{dt} + V^j\dot{c}^i\Gamma_{ij}^k = 0. \quad (6.49)$$

Angenommen wir haben den Vektor $V_0 = V_0^k\partial_k \in T_{c(t_0)}M$ an dem Punkt $c(t_0)$ der Kurve gegeben, so lässt sich die Differentialgleichung (6.49) unter der Anfangsbedingung $V^k(t_0) = V_0^k$ eindeutig lösen. Das heißt nichts anderes, als dass wir zu einem gegebenen Vektor an der Kurve immer ein dazu paralleles Vektorfeld finden können. Diese Erkenntnis halten wir in dem folgenden Satz fest, der uns direkt den Paralleltransport liefert.

Satz 6.11 (Paralleltransport)
Für jede Kurve $c : I \to M$ und $t_0 \in I$ existiert zu jedem Vektor $V_0 \in T_{c(t_0)}M$ eindeutig ein Vektorfeld V entlang c mit $V(t_0) = V_0$, das parallel entlang c ist.

Beweis: [Lee97, S. 60].   □

Den Paralleltransport entlang einer Kurve $c : I \to M$ mit $t_0, t_1 \in I$ können wir damit beschreiben durch die Abbildung

$$P_{t_1 t_0} : T_{c(t_0)}M \to T_{c(t_1)}M, \quad V_0 \mapsto V(t_1), \tag{6.50}$$

wobei $V(t)$ das parallele Vektorfeld entlang c ist mit $V(t_0) = V_0$. Der Vektor V_0 wird also parallel zum Vektor $V(t_1)$ transportiert. Durch Umstellen der Gl. (6.49) nach

$$\frac{dV^k}{dt} = -V^j \, \dot{c}^i \, \Gamma_{ij}^k \tag{6.51}$$

wird außerdem deutlich, dass der Zusatzterm in der kovarianten Ableitung die Änderung des Vektors beim Paralleltransport beschreibt. Mithilfe der Parallelverschiebung lässt sich jetzt durch Grenzwertbildung die kovariante Ableitung durch Grenzwertbildung erhalten.

Satz 6.12 Sei $c : I \to M$ eine Kurve und $t_0 \in I$. Dann gilt für jedes Vektorfeld $V \in \mathcal{V}_c(M)$ entlang c:

$$\frac{\nabla}{dt} V(t_0) = \lim_{t \to t_0} \frac{P_{t_0 t}(V(t)) - V(t_0)}{t - t_0}. \tag{6.52}$$

Beweis: [Bär13, S. 62].   □

Bevor wir uns den Paralleltransport an konkreten Beispielen veranschaulichen, bleibt noch zu erwähnen, dass dieser eine längentreue Abbildung ist. Dies sieht man schnell ein, wenn man zwei parallele Vektorfelder V und W entlang c betrachtet. Wegen Satz 6.5iv) und den Eigenschaften aus Satz 6.9 gilt:

$$\frac{d}{dt}\langle V, W\rangle = \langle \frac{\nabla}{dt} V, W\rangle + \langle V, \frac{\nabla}{dt} W\rangle = \langle 0, W\rangle + \langle V, 0\rangle = 0, \qquad (6.53)$$

d. h. $\langle V, W\rangle$ muss konstant bleiben.[8] Den Paralleltransport veranschaulichen wir uns qualitativ an den üblichen zwei Beispielen.

Beispiel 6.13 (Paralleltransport in der Ebene und auf der Sphäre)
Wir wollen Vektoren entlang von geschlossenen Kurven parallel verschieben. Zunächst betrachten wir die flache Ebene $M = \mathbb{R}^2$ in Polarkoordinaten. Der Vektor $V = e_x$ wird ausgehend von Punkt P entlang des Kreises parallel verschoben. Während sich die Komponenten des Vektors während der Verschiebung ändern, wird der Vektor nach einer kompletten Umdrehung wieder in sich selbst überführt. Betrachten wir im Gegensatz dazu die zweidimensionale, gekrümmte Kugeloberfläche $M = S^2$. Verschieben wir hier den Vektor e_ϕ auf Großkreisen parallel entlang des Wegs $P \to R \to Q \to P$, so ergibt sich der Vektor e_θ. Der Startvektor e_ϕ führt auf der gekrümmten Oberfläche nicht in sich selbst zurück, sondern bildet mit dem Endvektor e_θ einen Winkel von $\pi/2$. Auf detaillierte Rechnungen wird hier verzichtet und an [Fli16, S. 86–89] verwiesen.

Diese Beobachtung wollen wir aber als ein Indiz für die Krümmung der Mannigfaltigkeit festhalten: *Der Winkel, mit dem ein Vektor bei Parallelverschiebung entlang einer geschlossenen Kurve gedreht wird, ist ein Maß für die Krümmung der zugrunde liegenden Mannigfaltigkeit.* Würden wir die Änderung eines Vektors beim Paralleltransport entlang einer geschlossenen Kurve berechnen, erhielten wir den *Riemann'schen Krümmungstensor* als Maß für die Krümmung der von der Kurve eingeschlossenen Fläche. Man betrachtet dabei eine infinitesimale Fläche und erhält den Krümmungstensor als lokales Maß für die Krümmung. Diese Aussage werden wir hier nicht weiter quantifizieren, weil wir im letzten Abschnitt dieses Kapitels für die Herleitung des Krümmungstensors einen direkteren Weg wählen werden. Für konkrete Berechnungen sei an [Ryd09, S. 123 f] oder [Sch09, S. 157–159] verwiesen (siehe Abb. 6.2).

---

[8] Man zeige hierzu in einer lokalen Basisdarstellung der Vektorfelder V und W, dass die Regel $\frac{d}{dt}\langle V, W\rangle = \langle \frac{\nabla}{dt} V, W\rangle + \langle V, \frac{\nabla}{dt} W\rangle$ erfüllt ist. Siehe [ONe10, S. 65].

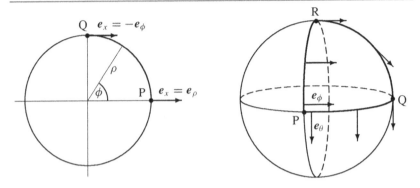

Abbildung 6.2 Grafische Darstellung des Paralleltransports in der Ebene und auf der Kugeloberfläche. Entnommen aus [Fli16, S. 87]

6.2   Geodäten und Geodätengleichung

Im letzten Abschnitt haben wir Vektoren entlang von beliebigen Kurven transportiert. Wenn wir nun einen Tangentialvektor an einer Kurve betrachten und diesen entlang der Kurve parallel transportieren, wird man feststellen, dass der parallel verschobene Tangentialvektor im Allgemeinen nicht wieder tangential zur Kurve ist. In gekrümmten Räumen existieren hingegen besondere Kurven, bei denen ein Tangentialvektor beim Paralleltransport in einen anderen Tangentialvektor an der Kurve überführt wird. Diese Kurven nennt man *Geodäten*. In dem folgenden Abschnitt werden wir die Eigenschaften der Geodäten untersuchen und uns deren Rolle für die ART deutlich machen.

Definition 6.14 Eine Kurve $c : I \to M$ heißt *Geodäte*, wenn $\dfrac{\nabla}{dt}\dot{c} = 0$.

Der folgende Satz liefert uns die Existenz und Eindeutigkeit von Geodäten.

Satz 6.15 Zu jedem Punkt $p \in M$ und zu jedem Vektor $V \in T_p M$ gibt es genau eine maximal definierte Geodäte $c : I \to M$ auf einem offenen Intervall $I \subset \mathbb{R}$ mit $0 \in I$, sodass $c(0) = p$ und $\dot{c}(0) = V$ gilt.

Beweis: [Lee97, S. 58 f].   □

Im flachen Euklidischen Raum sind die Geodäten gerade Linien, denn nur entlang einer Geraden sind die Tangentialvektoren an verschiedenen Punkten parallel zueinander. In gekrümmten Räumen gibt es keine geraden Linien, sodass hier Geodäten gewissermaßen einen „Ersatz" gerader Strecken darstellen.

In lokalen Koordinaten führt Def. 6.14 auf eine Differentialgleichung zweiter Ordnung, die *Geodätengleichung*. Sei dazu $c : I \to M$ eine Geodäte in lokalen Koordinaten $c(t) = (x^1(t), \ldots, x^n(t))$ gegeben. Mit dem Geschwindigkeitsvektor

$$\dot{c}(t) = \dot{x}^i(t) \, \partial_i \tag{6.54}$$

erhalten wir gemäß Gl. (6.48) für die kovariante Ableitung von $\dot{c}$ entlang der Geodäten den Ausdruck

$$\frac{\nabla}{dt}\dot{c} = \left(\frac{dx^k}{dt} + \dot{x}^i \dot{x}^j \Gamma_{ij}^k\right)\partial_k = 0. \tag{6.55}$$

Das liefert uns die Geodätengleichung

$$\ddot{x}^k + \dot{x}^i \dot{x}^j \Gamma_{ij}^k = 0. \tag{6.56}$$

Nach diesem Verständnis liefert eine Geodäte eine „möglichst geradlinige" Verbindungsstrecke zwischen zwei Punkten im gekrümmten Raum. Im flachen Raum stellen die Geraden gleichzeitig auch die *kürzeste* Verbindung zwischen zwei Punkten her. Sie minimieren den euklidischen Abstand. So bewegt sich etwa ein kräftefreies Teilchen in der Newton'schen Mechanik stets entlang einer Geraden. In der ART hingegen hängt die Bahn eines kräftefreien Teilchens von der Raumkrümmung ab. Um die Bewegungsgleichung für kräftefreie Teilchen im Gravitationsfeld herzuleiten, gehen wir nach dem gleichen Prinzip vor, wie in der klassischen Mechanik. Wir müssen den Abstand zwischen zwei Punkten, der durch den metrischen Tensor bestimmt ist, minimieren. Dabei machen wir vom *Hamilton'schen Prinzip der kleinsten Wirkung* Gebrauch und fassen die Länge einer Kurve als Funktional auf, deren Variation verschwinden soll. Das Variationsproblem führt dann auf die *Euler-Lagrange-Gleichung*, welche schließlich die Differentialgleichung für die gesuchte kürzeste Verbindungsstrecke liefert. Die folgende heuristische Herleitung orientiert sich an [Sch02, S. 68].

Betrachten wir zunächst die nach der Bogenlänge parametrisierte Kurve $c : [a, b] \to M$ zwischen den Punkten $p, q \in M$ mit $c(a) = p$ und $c(b) = q$.

Die Koordinaten der Kurve bezeichnen wir mit $c(t) = (x^1(t), \ldots, x^n(t))$. Wegen $\|\dot{c}(t)\| = 1$ erhalten wir für die Länge der Kurve

$$S = \int_p^q ds = \int_a^b \|\dot{c}(t)\| \, dt \stackrel{(5.72)}{=} \int_a^b \sqrt{\langle \dot{c}(t), \dot{c}(t) \rangle} \, dt = \int_a^b \sqrt{g_{ij} \dot{x}^i \dot{x}^j} \, dt,$$

$$(6.57)$$

wobei wir $F(t, x^i, \dot{x}^i) = \sqrt{g_{ij} \dot{x}^i \dot{x}^j}$ setzen. Die Länge S der Kurve ist daher das Funktional

$$S[x^i] = \int_a^b F(t, x^i(t), \dot{x}^i(t)) dt.$$

$$(6.58)$$

Wir nehmen nun an, dass die Kurve $c(t)$ das Funktional $S[x^i]$ minimiert. Um hierfür eine notwendige Bedingung zu erhalten, betten wir die Kurve $c(t)$ in eine Schar von Vergleichskurven

$$c_\epsilon(t) = c(t) + \epsilon \, \eta(t) \quad \text{bzw.} \quad x_\epsilon^i(t) = x^i(t) + \epsilon \, \eta^i(t)$$

$$(6.59)$$

ein, wobei $\epsilon \in \mathbb{R}$ und $\eta^i(t) \in C^2([a, b], \mathbb{R})$ mit $\eta^i(a) = \eta^i(b) = 0$. Damit stimmen die Vergleichskurven $c_\epsilon(t)$ an den Endpunkten mit der Kurve $c(t)$ überein, wobei im Allgemeinen die Vergleichskurven nicht nach der Bogenlänge parametrisiert sind. Setzen wir $x_\epsilon^i(t)$ in das Funktional ein, erhalten wir eine von ϵ abhängige Funktion $S(\epsilon)$ und die Forderung, dass $c(t)$ das Funktional $S[x^i]$ minimiert führt auf die notwendige Bedingung

$$\frac{d}{d\epsilon} S(\epsilon) \bigg|_{\epsilon=0} = 0.$$

$$(6.60)$$

Dieser Ausdruck ist die *Variation* des Funktionals in Gl. (6.58) und führt auf die *Euler-Lagrange-Gleichungen*

$$\frac{\partial F}{\partial x^k} - \frac{d}{dt}\left(\frac{\partial F}{\partial \dot{x}^k}\right) = 0,$$

$$(6.61)$$

die wir nun für $F(t, x^i, \dot{x}^i) = \sqrt{g_{ij}\dot{x}^i\dot{x}^j}$ lösen müssen.[9] Um die Rechnungen zu vereinfachen, setzen wir

$$L := L(t, x^i, \dot{x}^i) = g_{ij}\dot{x}^i\dot{x}^j, \tag{6.62}$$

sodass $F(L) = \sqrt{L}$ gilt. Durch Anwendung der Kettenregel erhalten wir

$$F'(L)\frac{\partial L}{\partial x^k} - \frac{d}{dt}\Big(F'(L)\frac{\partial L}{\partial \dot{x}^k}\Big) = 0. \tag{6.63}$$

Da wir eine nach der Bogenlänge parametrisierte Kurve $c(t)$ betrachtet haben, ist der Ausdruck $L = g_{ij}\dot{x}^i\dot{x}^j = 1$ entlang der Lösungskurve des Variationsproblems. Damit ist auch $F'(L)$ konstant und kann in Gl. (6.63) ausgeklammert werden. Es ergibt sich

$$\frac{\partial L}{\partial x^k} - \frac{d}{dt}\Big(\frac{\partial L}{\partial \dot{x}^k}\Big) = 0. \tag{6.64}$$

Die Ableitungen lassen sich jetzt einfach berechnen:

$$\frac{\partial L}{\partial x^k} = \frac{\partial g_{ij}}{\partial x^k}\dot{x}^i\dot{x}^j = g_{ij,k}\,\dot{x}^i\dot{x}^j, \qquad \frac{\partial L}{\partial \dot{x}^k} = \frac{\partial}{\partial \dot{x}^k}\,g_{ij}\dot{x}^i\dot{x}^j = 2g_{ki}\dot{x}^i \tag{6.65}$$

und

$$\frac{d}{dt}(2g_{ki}\dot{x}^i) = 2g_{ki,l}\,\dot{x}^l\dot{x}^i + 2g_{ki}\,\ddot{x}^i. \tag{6.66}$$

Einsetzen der Gleichungen (6.65) und (6.66) in Gl. (6.64) liefert

$$g_{ij,k}\,\dot{x}^i\dot{x}^j - 2g_{ki,l}\,\dot{x}^l\dot{x}^i - 2g_{ki}\,\ddot{x}^i = 0. \tag{6.67}$$

Die Gl. (6.67) multiplizieren wir mit $-g^{km}/2$ und erhalten

$$g^{km}g_{ki}\,\ddot{x}^i + g^{km}g_{ki,l}\,\dot{x}^l\dot{x}^i - \frac{1}{2}g^{km}g_{ij,k}\,\dot{x}^i\dot{x}^j = 0. \tag{6.68}$$

Den zweiten Term in Gl. (6.68) spalten wir nun in zwei Summanden auf, wobei wir im zweiten Summanden die Indizes $l \leftrightarrow i$ vertauschen:

---

[9] Die ausgeführte Rechnung kann in [Bro16, S. 627] oder [Sch07, S. 88 f] nachgeschlagen werden.

$$g^{km} g_{ki,l} \, \dot{x}^l \dot{x}^i = \frac{1}{2} g^{km} g_{ki,l} \, \dot{x}^l \dot{x}^i + \frac{1}{2} g^{km} g_{kl,i} \, \dot{x}^i \dot{x}^l. \tag{6.69}$$

Setzen wir Gl. (6.69) in Gl. (6.68) ein und verwenden Gl. (5.71) zusammen mit der Symmetrieeigenschaft des metrischen Tensors in Gl. (5.69) ergibt sich

$$\ddot{x}^m + \frac{1}{2} g^{km} (g_{ki,l} + g_{kl,i} - g_{il,k}) \dot{x}^i \dot{x}^l = 0. \tag{6.70}$$

Wegen Gl. (6.37) ist

$$\ddot{x}^m + \Gamma^m_{il} \dot{x}^i \dot{x}^l = 0. \tag{6.71}$$

Wir erhalten die Geodätengleichung wie in Gl. (6.56) bereits angegeben und stellen fest, dass in gekrümmten sowie in flachen Räumen die kürzeste Verbindungsstrecke zweier Punkte eine Geodäte darstellt. Die Umkehrung gilt im Allgemeinen nicht, also Geodäten sind nicht immer die kürzesten Verbindungsstrecken. Das machen wir uns am Beispiel der Sphäre schnell deutlich, auf der die Großkreise und Teile von Großkreisen geodätische Linien bilden. Liegen zwei Punkte auf einem Großkreis nah beieinander, kann man entweder den kurzen oder langen Weg („hintenherum") gehen. Der lange Weg ist eine Geodäte, aber sicherlich nicht die kürzeste Verbindungsstrecke. *Lokal* gilt hingegen die Umkehrung.[10]

Wie oben bereits angemerkt, haben wir mit der Geodätengleichung die Bewegungsgleichung eines kräftefreien Körpers im Gravitationsfeld gefunden. In der ART sind also die Bahnen kräftefreier Teilchen geodätische Linien. Bemerkenswert ist, dass die Bewegungsgleichung ausschließlich aus geometrischen Überlegungen folgt. Während Newton die Bewegungsgleichung der klassischen Mechanik über die Kraft herleitet, führt die ART die Gravitationskraft auf die zugrunde liegende Geometrie der Raumzeit zurück. Zur Herleitung der Bewegungsgleichung wird der klassische Begriff der Gravitationskraft nicht mehr notwendig.

Der aufmerksame Leser wird festgestellt haben, dass der Ausdruck $L = \langle \dot{c}, \dot{c} \rangle = g_{ij} \dot{x}^i \dot{x}^j$ beliebige konstante Werte annehmen kann, also insbesondere auch negativ oder null werden kann. Das liegt daran, dass der metrische Tensor gemäß Def. 5.39 nicht-entartet ist und der Geschwindigkeitsvektor $\dot{c}$ der Kurve zeitartig, raumartig oder lichtartig sein kann.[11] In der obigen Herleitung sind wir von einer nach der Bogenlänge parametrisierten Kurve ausgegangen, d. h. es gilt $||\dot{c}(t)|| = 1$ und damit auch $L = \langle \dot{c}, \dot{c} \rangle = 1$. Dies stellt jedoch keine Einschränkung dar, denn jede Kurve

---

[10] Für eine ausführliche Diskussion sei an [Lee97, S. 102–107] verwiesen.

[11] Vergleiche Def. 3.2.

$c' : I \to M$ mit $\dot{c}'(t) \neq 0$ und $\langle \dot{c}', \dot{c}' \rangle \neq 0$ für alle $t \in I$ ist nach der Bogenlänge parametrisierbar. Die Länge S der Kurve bleibt bei einer Umparametrisierung erhalten.[12] Wir unterscheiden daher die Fälle:[13]

1. *zeitartige Geodäten*: $\langle \dot{c}, \dot{c} \rangle = g_{ij} \dot{x}^i \dot{x}^j > 0$,
2. *raumartige Geodäten*: $\langle \dot{c}, \dot{c} \rangle = g_{ij} \dot{x}^i \dot{x}^j < 0$,
3. *Nullgeodäten*: $\langle \dot{c}, \dot{c} \rangle = g_{ij} \dot{x}^i \dot{x}^j = 0$.

Für massebehaftete Teilchen parametrisiert man eine Bahnkurve nach der Eigenzeit τ. Wegen $ds^2 = c^2 d\tau^2 = g_{ij} dx^i dx^j$ erhalten wir $g_{ij} \dot{x}^i \dot{x}^j = c^2 > 0$ und schließen daraus, dass der Geschwindigkeitsvektor $\dot{c}$ der Bahnkurve zeitartig ist, d. h. es gilt $\langle \dot{c}, \dot{c} \rangle = c^2 > 0$. Außerdem liegt $\dot{c}$ innerhalb des Lichtkegels, den wir an jedem Punkt der Bahnkurve auszeichnen können. Massebehaftete Teilchen bewegen sich also auf zeitartigen Geodäten.

Für raumartige Geodäten liegt der Geschwindigkeitsvektor außerhalb des Lichtkegels. Die Geschwindigkeit des Teilchens wäre also größer als die Lichtgeschwindigkeit. Physikalisch werden raumartige Geodäten daher nicht realisiert.

Masselose Teilchen, wie z. B. Photonen, finden nie ein Ruhesystem und besitzen infolgedessen auch keine Eigenzeit, d. h. $d\tau = 0$. Hier muss eine andere Parametrisierung verwendet werden und es gilt wegen $ds^2 = c^2 d\tau^2 = g_{ij} dx^i dx^j = 0$ die Bedingung $g_{ij} \dot{x}^i \dot{x}^j = 0$. Der Geschwindigkeitsvektor der Bahnkurve ist also lichtartig, d. h. es gilt $\langle \dot{c}, \dot{c} \rangle = 0$, sodass sich das Licht auf Nullgeodäten ausbreitet.

Die Geodätengleichung wollen wir uns an zwei Beispielen veranschaulichen.

Beispiel 6.16 (Ebene)
Für die Ebene $M = \mathbb{R}^2$ in kartesischen Koordinaten $(x^1, x^2) = (x, y)$ haben wir in Beispiel 6.7 gesehen, dass die Christoffel-Symbole alle verschwinden. In diesem einfachen Fall wird die Geodätengleichung für $i = 1, 2$ zu

$$\ddot{x}^i = 0 \tag{6.72}$$

mit den Lösungen

$$x^i(t) = c_1^i t + c_2^i, \quad c_1^i, c_2^i \in \mathbb{R}. \tag{6.73}$$

---

[12] Siehe [Bau06, S. 119 f].

[13] In [Sch02, S. 69] wird argumentiert, weshalb auch im Fall von Nullgeodäten, d. h. $\langle \dot{c}, \dot{c} \rangle = 0$, das obige Variationsproblem und demnach die Geodätengleichung (6.71) gültig ist.

Wie zu erwarten, entspricht dies einer Geradengleichung. Im Euklidischen Raum sind die Geodäten also tatsächlich gerade Linien.

Beispiel 6.17 (Sphäre)

Auf der gekrümmten Kugeloberfläche $M = S^2$ mit Koordinaten $(x^1, x^2) = (\theta, \varphi)$ ergeben sich Großkreise und Teile von Großkreisen als geodätische Linien. Zur Herleitung der Geodätengleichung benötigen wir zunächst die Christoffel-Symbole. Aus dem metrischen Tensor aus Gl. (5.93) ergibt sich die zugehörige Inverse

$$(g^{ij}) = \begin{pmatrix} 1/r^2 & 0 \\ 0 & 1/(r^2 \sin^2(\theta)) \end{pmatrix}. \tag{6.74}$$

Daraus wird ersichtlich, dass die partiellen Ableitungen bis auf $g_{\varphi\varphi,\theta} = 2r^2 \sin(\theta) \cos(\theta)$ alle verschwinden. Es verbleiben die folgenden Christoffel-Symbole:

$$\Gamma^\theta_{\varphi\varphi} = -\sin(\theta) \cos(\theta), \tag{6.75}$$

$$\Gamma^\varphi_{\varphi\theta} = \Gamma^\varphi_{\theta\varphi} = \cot(\theta). \tag{6.76}$$

Das liefert uns nach Gl. (6.56) die Geodätengleichung:

$$0 = \ddot{\theta} + \Gamma^\theta_{\varphi\varphi} \dot{\varphi} \dot{\varphi} = \ddot{\theta} - \sin(\theta) \cos(\theta) \dot{\varphi} \dot{\varphi}, \tag{6.77}$$

$$0 = \ddot{\varphi} + 2\Gamma^\varphi_{\varphi\theta} \dot{\theta} \dot{\varphi} = \ddot{\varphi} + 2\cot(\theta) \dot{\theta} \dot{\varphi}. \tag{6.78}$$

Da das Lösen des Systems partieller Differentialgleichungen aufwendig ist, diskutieren wir zwei Spezialfälle.[14] Zunächst betrachten wir Bahnen konstanter geographischer Länge, d. h. $\varphi = \varphi_0 \in (0, 2\pi)$. Wegen $\dot{\varphi} = \ddot{\varphi} = 0$ ist die Gl. (6.78) erfüllt und die Gl. (6.77) reduziert sich auf $\ddot{\theta} = 0$. Die Längengrade auf der Sphäre bilden damit geodätische Linien. Im Fall von Bahnen konstanter Breite $\theta = \theta_0 \in (0, \pi)$ reduziert sich Gl. (6.78) auf $\ddot{\varphi} = 0$. Aus Gl. (6.77) folgt außerdem, dass $\sin(\theta) \cos(\theta) = 0$ gelten muss. Diese Gleichung ist im angegebenen Intervall für θ_0 genau dann gelöst, wenn $\theta_0 = \pi/2$. Damit ist der einzige Breitengrad, der eine geodätische Linie beschreibt, der Äquator.

---

[14] Ein Lösungsweg der Differentialgleichungen ist in [Ryd09, S. 119] nachzuschlagen.

6.2.1 Exponentialabbildung

Mittels Geodäten lässt sich eine Abbildung finden, die Elemente aus dem Tangentialraum im Punkt p in eine Umgebung auf der Mannigfaltigkeit abbildet, die den Punkt p enthält. Im Gegenzug liefert uns diese Abbildung, die man *Exponentialabbildung* nennt, ein lokales Koordinatensystem, welches wir physikalisch als Lokales Inertialsystem deuten können. Wir werden daher jetzt sehen, inwiefern das Äquivalenzprinzip in der pseudo-Riemann'schen Geometrie wiederzufinden ist.

Nach Satz 6.15 wiederholen wir zunächst noch einmal, dass es für jeden Vektor $V \in T_p M$ eine eindeutig maximal definierte Geodäte $c_V : I \to M$ mit den Anfangsbedingungen $c_V(0) = p$ und $\dot{c}_V(0) = V$ gibt. Die Geodäte hat also den Anfangsgeschwindigkeitsvektor V. Die Exponentialabbildung ordnet nun jedem Tangentialvektor V diejenige Geodäte zu, die durch den Punkt p geht und den Anfangsgeschwindigkeitsvektor V besitzt. Dies präzisieren wir im Folgenden.

Definition 6.18 (Exponentialabbildung)
Sei $\mathcal{D}_p := \{V \in T_p M \mid c_V$ ist definiert auf einem Intervall I mit $[0, 1] \subseteq I\}$.
Dann heißt die Abbildung

$$\exp_p : \mathcal{D}_p \to M, \quad V \mapsto c_V(1) \tag{6.79}$$

Exponentialabbildung.

Um die Eigenschaften der Exponentialabbildung besser zu verstehen, ist der folgende Satz hilfreich.

Satz 6.19 Für jeden Vektor $V \in T_p M$ und $t \in I$ gilt

$$c_{tV}(1) = c_V(t). \tag{6.80}$$

Beweis: [Lee97, S. 73]. □

Betrachten wir jetzt die Exponentialabbildung für eine Geodäte mit dem Anfangsgeschwindigkeitsvektor $t V \in T_p M$, erhalten wir mit dem Satz 6.19:

$$\exp_p(t V) = c_{tV}(1) = c_V(t). \tag{6.81}$$

Dies bedeutet, dass das Geradenstück $\{tV \mid t \in I\}$, welches wegen $0 \in I$ durch $\mathbf{0} \in T_pM$ läuft, in ein von p ausgehendes Geodätenstück $\{c_V(t) \mid t \in I\}$ auf M überführt wird. Insofern bildet die Exponentialabbildung Geraden durch den Ursprung von T_pM in Geodäten auf M ab (Abb. 6.3).

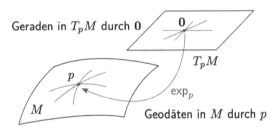

Abbildung 6.3 Visualisierung der Exponentialabbildung. Eigene Darstellung (angelehnt an [Sch17, S. 341])

Schränken wir nun den Definitionsbereich von $\exp_p$ geeignet ein, wird die Exponentialabbildung zu einem Diffeomorphismus.

Satz 6.20 Für jeden Punkt $p \in M$ gibt es eine offene Umgebung $\mathcal{V}_p \subset T_pM$ des Ursprungs $\mathbf{0} \in T_pM$, für welche die Exponentialabbildung

$$\exp_p : \mathcal{V}_p \to M \tag{6.82}$$

einen Diffeomorphismus zwischen $\mathcal{V}_p$ und der Umgebung $U := \exp_p(\mathcal{V}_p) \subset M$ von p liefert.

Beweis: [Fis17, S. 309]. □

Mithilfe der Exponentialabbildung, die gemäß Satz 6.20 ein Diffeomorphismus ist und sich damit invertieren lässt, konstruieren wir jetzt ein lokales Koordinatensystem. Wählen wir dazu eine (verallgemeinerte) Orthonormalbasis $\{e_i\}$ für T_pM, d. h. es gilt $g(e_i, e_j) = \eta_{ij}$. Das liefert den Isomorphismus

$$\phi : \mathbb{R}^n \to T_pM, \quad (u^1, \ldots, u^n) \mapsto u^i e_i. \tag{6.83}$$

Zusammen mit der inversen Exponentialabbildung können wir die beiden Abbildungen kombinieren zu dem folgenden lokalen Koordinatensystem auf der Umgebung U um p:

$$x := \phi^{-1} \circ \exp_p^{-1} : U \to \mathbb{R}^n. \tag{6.84}$$

Die durch Gl. (6.84) festgelegten Koordinaten nennt man *Riemann'sche Normalkoordinaten*, wobei hierfür in der Physik auch häufig der Begriff *lokale Inertialkoordinaten* verwendet wird. Für unsere Zwecke wichtig sind die folgenden Eigenschaften, die in Normalkoordinaten gültig sind.

Satz 6.21 Seien (U, x) Riemann'sche Normalkoordinaten um $p \in M$. Dann gilt

i) $x(p) = 0$,
ii) $g_{ij}(0) = \eta_{ij}$,
iii) $\Gamma_{ij}^k(0) = 0$.

Beweis: Für die erste Aussage gilt

$$x(p) = \phi^{-1} \circ \exp_p^{-1}(p) = \phi^{-1} \circ \exp_p^{-1}(c_V(0))$$

$$\overset{(6.81)}{=} \phi^{-1} \circ \exp_p^{-1}(\exp_p(\mathbf{0})) = \phi^{-1}(\mathbf{0}) = 0.$$

Für die zweite und dritte Aussage sei an [Fis17, S. 309 f] verwiesen. □

Wegen Gl. (6.38) verschwindet in Riemann'schen Normalkoordinaten auch die partielle Ableitung der Metrik, denn

$$0 = g_{ij;r}(0) \overset{(6.19)}{=} g_{ij,r}(0) - g_{kj}(0)\,\Gamma_{ir}^k(0) - g_{ik}(0)\,\Gamma_{rj}^k(0) \overset{\text{Satz }6.21\text{iii}}{=} g_{ij,r}(0). \tag{6.85}$$

Die besondere Bedeutung der Riemann'schen Normalkoordinaten liegt darin, dass das Äquivalenzprinzip hier seinen präzisesten Ausdruck findet. Die Normalkoordinaten realisieren ein Lokales Inertialsystem, von dem wir in Abschnitt *4.2 Äquivalenzprinzip* bisher nur qualitativ gesprochen haben. Besonders intuitiv wird dies auch, da nach Satz 6.21iii) die Geodätengleichung in $\ddot{x}^i = 0$ übergeht. Die Bahnkurven, entlang derer sich ein kräftefreies Teilchen im Lokalen Inertialsystem bewegt, sind also Geraden. Mathematisch gesprochen können wir das Äquivalenzprinzip wie folgt formulieren:

> An jedem Punkt p einer pseudo-Riemann'schen Mannigfaltigkeit M gibt es ein lokales Koordinatensystem, in dem der metrische Tensor die Form $g_{ij}(p) = \eta_{ij}$ hat und in dem die Christoffel-Symbole verschwinden, d. h. es gilt $\Gamma_{ij}^{k}(p) = 0$.

Wir haben in Abschnitt *4.2 Äquivalenzprinzip* stets die Formulierung verwendet, dass in einem Lokalen Inertialsystem in einer hinreichend kleinen Umgebung die Gesetze der SRT gelten, d. h. der metrische Tensor in die Form $g_{ij}(p) = \eta_{ij}$ übergeht. Wir wissen bereits, dass es sich bei dieser Formulierung nur um eine Näherung handeln muss, denn exakt gilt $g_{ij}(p) = \eta_{ij}$ nur in einem Punkt p. Mit zunehmendem Abstand weicht der metrische Tensor immer mehr von der flachen Minkowski-Metrik ab, wie die folgende Taylorentwicklung des metrischen Tensors um den Punkt p in Normalkoordinaten $(x^1, \ldots, x^n)$ zeigt:

$$g_{ij}(x) = g_{ij}(0) + \frac{\partial g_{ij}}{\partial x^k}(0) \cdot x^k + \frac{1}{2!} \frac{\partial^2 g_{ij}}{\partial x^k \partial x^l} \cdot x^k x^l + \mathcal{O}(x^3)$$

$$= \eta_{ij} + \frac{1}{2} \frac{\partial^2 g_{ij}}{\partial x^k \partial x^l} \cdot x^k x^l + \mathcal{O}(x^3). \tag{6.86}$$

Wir sehen, dass eine Abweichung wegen Gl. (6.85) erst ab der zweiten Ordnung auftritt. Unter Vernachlässigung der Terme höherer Ordnung können wir daher sagen, dass die Abweichung durch die zweiten Ableitungen des metrischen Tensors bestimmt ist. Ein Koordinatensystem, in dem auch diese verschwinden, gibt es nicht, wie in [Reb12, S. 193] begründet wird. Wir werden im nächsten Kapitel sehen, dass die zweiten Ableitungen im Riemann'schen Krümmungstensor enthalten sind.

6.3   Krümmung

Wie bereits angekündigt werden wir in diesem Abschnitt den Riemann'schen Krümmungstensor diskutieren. Wie in den Beispielen 5.40 und 5.41 deutlich wurde, können wir dem metrischen Tensor nicht direkt „ansehen", ob dieser eine flache oder gekrümmte Geometrie beschreibt. Der Riemann'sche Krümmungstensor liefert uns ein solches Kriterium für die Krümmung der zugrunde liegenden Mannigfaltigkeit.

Dabei werden wir sehen, dass der Krümmungstensor über die zweiten Ableitungen des metrischen Tensors ausgedrückt werden kann.

6.3.1 Riemann'scher Krümmungstensor

Im Abschnitt *6.1.2 Paralleltransport* wurde darauf hingewiesen, dass die Änderung eines Vektors beim Paralleltransport als Maß für die Krümmung interpretiert werden kann. Wie bereits angekündigt, wählen wir einen direkteren Weg zur Herleitung des Krümmungstensors. Dazu betrachten wir die Lie-Klammer bzw. den Kommutator von zwei kovarianten Ableitungen. Die Beziehung zum Paralleltransport ist dabei durch Satz 6.12 deutlich geworden, denn in diesem Sinne ist die kovariante Ableitung eine infinitesimale Realisierung des Paralleltransports. Der Kommutator zweier kovarianter Ableitungen misst dementsprechend den Unterschied, der beim Paralleltransport eines Vektors entsteht. Es wird also gemessen, wie sich der in Richtung ∂_i und anschließend in Richtung ∂_j parallel transportierte Vektor gegenüber dem in umgekehrter Reihenfolge parallel transportierten Vektor unterscheidet. Für die Koeffizienten eines Vektorfelds $V = V^k \partial_k \in \mathcal{V}(M)$ berechnen wir:

$$[\nabla_{\partial_i}, \nabla_{\partial_j}] V^k = \nabla_{\partial_i} (\nabla_{\partial_j} V^k) - \nabla_{\partial_j} (\nabla_{\partial_i} V^k)$$

$$= (V^k{}_{;j})_{,i} + \Gamma^k_{im} (V^m{}_{;j}) - \Gamma^m_{ij} (V^k{}_{;m})$$

$$- (V^k{}_{;i})_{,j} - \Gamma^k_{jm} (V^m{}_{;i}) + \Gamma^m_{ji} (V^k{}_{;m})$$

$$= V^k{}_{,ij} + \Gamma^k_{jp,i} V^p + \Gamma^k_{jp} V^p{}_{,i} + \Gamma^k_{im} V^m{}_{,j} + \Gamma^k_{im}\Gamma^m_{jp} V^p - \Gamma^m_{ij} V^k{}_{,m} - \Gamma^m_{ij}\Gamma^k_{mp} V^p$$

$$- V^k{}_{,ji} + \Gamma^k_{ip,j} V^p + \Gamma^k_{ip} V^p{}_{,j} + \Gamma^k_{jm} V^m{}_{,i} + \Gamma^k_{jm}\Gamma^m_{ip} V^p - \Gamma^m_{ji} V^k{}_{,m} - \Gamma^m_{ji}\Gamma^k_{mp} V^p$$

$$= (\Gamma^k_{pj,i} - \Gamma^k_{pi,j} + \Gamma^m_{pj}\Gamma^k_{im} - \Gamma^m_{pi}\Gamma^k_{jm}) V^p$$

$$=: R^k{}_{pij} V^p. \tag{6.87}$$

Zunächst sind wir im zweiten Schritt zur besseren Übersicht in die abgekürzte Schreibweise der kovarianten und partiellen Ableitung übergegangen. Dabei wurden die kovarianten Ableitungen gemäß Gl. (6.9) und Gl. (6.20) gebildet. Im vorletzten Schritt wurde die Symmetrie der Christoffel-Symbole in Gl. (6.24) und die Vertauschbarkeit der partiellen Ableitungen ausgenutzt. Die übrigen vier Terme bilden den gesuchten Krümmungstensor $R^k{}_{pij}$. Die erste Zeile aus der obigen Rechnung motiviert die folgende koordinatenunabhängige Definition des Krümmungstensors.

Definition 6.22 Der *Riemann'sche Krümmungstensor* R ist definiert durch die Abbildung

$$R : \mathcal{V}(M) \times \mathcal{V}(M) \times \mathcal{V}(M) \to \mathcal{V}(M),$$
$$R(X, Y)Z := \nabla_X \nabla_Y Z - \nabla_Y \nabla_X Z - \nabla_{[X,Y]} Z \qquad (6.88)$$

für Vektorfelder $X, Y, Z \in \mathcal{V}(M)$.[15]

Satz 6.23 Die Abbildung R ist ein $(3, 1)$-Tensor, d. h. $R \in T_1^3 M$.

Beweis: Nach Bemerkung 5.36 müssen wir zeigen, dass die Abbildung R multilinear über dem Funktionenraum $\mathcal{F}(M)$ ist. Mit den Rechenregeln der kovarianten Ableitung aus Def. 6.1 und Satz 5.29iv) ergibt sich für $f \in \mathcal{F}(M)$:

$$\begin{aligned}
R(X, fY)Z &= \nabla_X \nabla_{fY} Z - \nabla_{fY} \nabla_X Z - \nabla_{[X,fY]} Z \\
&= \nabla_X (f \nabla_Y Z) - f \nabla_Y \nabla_X Z - \nabla_{f[X,Y] + (Xf)Y} Z \\
&= (Xf) \nabla_Y Z + f \nabla_X \nabla_Y Z - f \nabla_Y \nabla_X Z - f \nabla_{[X,Y]} Z - (Xf) \nabla_Y Z \\
&= f R(X, Y)Z.
\end{aligned}$$

Die Rechnung zeigt die $\mathcal{F}(M)$-Linearität im Argument Y. Ähnliche Rechnungen müssen durchgeführt werden, um die $\mathcal{F}(M)$-Linearität in den Argumenten X und Z zu zeigen. Diese sind dem Leser überlassen. $\qquad\square$

Setzen wir in Gl. (6.88) die Basisvektorfelder $X = \partial_i$, $Y = \partial_j$ und $Z = \partial_p$ ein, erhalten wir unter Verwendung von Gl. (6.6) und Satz 5.29v) die in Gl. (6.87) hergeleitete Koordinatendarstellung des Krümmungstensors[16]

$$R(\partial_i, \partial_j)\partial_p = R^k{}_{pij} \partial_k \qquad (6.89)$$

---

[15] Die Schreibweise $R(X, Y)Z$ ist eine Konvention, die gegenüber der Schreibweise $R(X, Y, Z)$ die unterschiedlichen Rollen der Vektorfelder X, Y und Z deutlich macht: Die entsprechenden kovarianten Ableitungen in Richtung der Vektorfelder X und Y wirken auf das Vektorfeld Z.

[16] Die Rechnung erfolgt ganz analog zu der Rechnung in Gl. (6.87).

mit

$$R^k{}_{pij} = \Gamma^k_{pj,i} - \Gamma^k_{pi,j} + \Gamma^m_{pj}\Gamma^k_{im} - \Gamma^m_{pi}\Gamma^k_{jm}. \tag{6.90}$$

Hierbei ist zu beachten, dass die Stellung der Indizes bei den Koeffizienten $R^k{}_{pij}$ des Krümmungstensors aus historischen Gründen von der Schreibweise in Gl. (5.56) abweicht.[17]

Wir sehen an Gl. (6.90), dass der Krümmungstensor durch die Christoffel-Symbole und deren ersten Ableitungen berechnet wird und damit vollständig durch den metrischen Tensor bestimmt ist. Im Fall des flachen Minkowski-Raums ($\mathbb{R}^n$, η) ist der metrische Tensor konstant. Die Christoffel-Symbole verschwinden und damit auch der Krümmungstensor. Tatsächlich ist das Verschwinden des Krümmungstensors auch ein hinreichendes Kriterium für eine flache Geometrie der betrachteten Mannigfaltigkeit.

Satz 6.24 Der Krümmungstensor einer pseudo-Riemann'schen Mannigfaltigkeit (M, g) mit der Metrik-Signatur $\langle +, -, \ldots, - \rangle$ verschwindet genau dann, wenn um jeden Punkt $p \in M$ ein Koordinatensystem (U, x) existiert mit $g_{ij} = \eta_{ij}$ in der Umgebung U.

Beweis: [Fis17, S. 302–303].[18] $\qquad\square$

Verschwindet der Riemann'sche Krümmungstensor, liegen überall auf der Mannigfaltigkeit pseudo-euklidische Maßverhältnisse vor. Die zugrunde liegende Mannigfaltigkeit ist damit *global* pseudo-euklidisch, also flach. Verschwindet der Krümmungstensor an einem Punkt $p \in M$ nicht, ist die Mannigfaltigkeit gekrümmt.

---

[17] Gemäß Gl. (5.56) müssten wir die Koeffizienten des Krümmungstensors in Gl. (6.89) eigentlich zu $R^k{}_{ijp}$ notieren. Um mit der historischen Schreibweise konsistent zu bleiben, schreiben wir $R^k{}_{pij}$. Dies liefert uns auch einen weiteren Grund, für den Krümmungstensor in koordinatenunabhängiger Form $R(X, Y)Z$ anstatt $R(X, Y, Z)$ zu schreiben. Generell existiert für den Riemann'schen Krümmungstensor in der Literatur leider keine einheitliche Definition. Insbesondere werden in einigen Büchern über die ART die Koeffizienten mit umgekehrten Vorzeichen definiert, d. h. die Terme auf der rechten Seite von Gl. (6.90) haben dort umgekehrte Vorzeichen. (siehe z. B. in [Wei72] und [Reb12]). Im Einklang mit der mathematischen Literatur orientieren wir uns an [Mis08], [Küh12], [Ryd09] und [Olo18].

[18] Für einen alternativen, aber weniger formalen Beweis sei an [Mis08, S. 283 f] verwiesen.

Analog lässt sich der Satz 6.24 für Riemann'sche Mannigfaltigkeiten formulieren, in der dann $g_{ij} = \delta_{ij}$ in der Umgebung U gilt.[19]

6.3.2 Eigenschaften des Krümmungstensors

In der vierdimensionalen Raumzeit besitzt der Krümmungstensor bereits $4^4 = 256$ Koeffizienten. Um die Anzahl unabhängiger Koeffizienten zu reduzieren, werden wir im folgenden Symmetrieeigenschaften des Krümmungstensors untersuchen.

Satz 6.25 Für Vektorfelder $X, Y, Z \in \mathcal{V}(M)$ gilt:

i) $R(X, Y)Z = -R(Y, X)Z$,

ii) $R(X, Y)Z + R(Y, Z)X + R(Z, X)Y = 0$ (erste Bianchi-Identität),

iii) $(\nabla_Z R)(X, Y) + (\nabla_X R)(Y, Z) + (\nabla_Y R)(Z, X) = 0$ (zweite Bianchi-Identität).

Für die Koeffizienten des Krümmungstensors heißt das:

i') $R^k{}_{pij} = -R^k{}_{pji}$,

ii') $R^k{}_{pij} + R^k{}_{ijp} + R^k{}_{jpi} = 0$,

iii') $R^k{}_{pij;m} + R^k{}_{pjm;i} + R^k{}_{pmi;j} = 0$.

Beweis: Die erste Aussage folgt direkt aus der Def. 6.22 und mit $[X, Y] = -[Y, X]$ aus Satz 5.29ii). Die zweite Aussage lässt sich in koordinatenunabhängiger Schreibweise einfach zeigen, indem sie auf die Jacobi-Identität der Lie-Klammer aus Satz 5.29iii) zurückgeführt wird:

$$
\begin{aligned}
&R(X, Y)Z + R(Y, Z)X + R(Z, X)Y \\
&= \nabla_X(\nabla_Y Z - \nabla_Z Y) + \nabla_Y(\nabla_Z X - \nabla_X Z) + \nabla_Z(\nabla_X Y - \nabla_Y X) \\
&\quad - \nabla_{[Y,Z]}X - \nabla_{[Z,X]}Y - \nabla_{[X,Y]}Z \\
&= \nabla_X[Y, Z] - \nabla_{[Y,Z]}X + \nabla_Y[Z, X] - \nabla_{[Z,X]}Y + \nabla_Z[X, Y] - \nabla_{[X,Y]}Z \\
&= \Big[X, [Y, Z]\Big] + \Big[Y, [Z, X]\Big] + \Big[Z, [X, Y]\Big] = 0.
\end{aligned}
$$

---

[19] Außerdem lässt sich der Satz 6.24 auf pseudo-Riemann'sche Mannigfaltigkeiten mit beliebiger Signatur $\langle 1, \ldots, 1, -1, \ldots, -1 \rangle$ erweitern. Der metrische Tensor würde dann in der Umgebung U die Form $g_{ij} = \mathrm{diag}(1, \ldots, 1, -1, \ldots, -1)$ annehmen.

Im ersten Schritt wurde Def. 6.22 eingesetzt und anschließend die Torsionsfreiheit aus Satz 6.5v) verwendet. Die dritte Aussage ließe sich ähnlich wie die zweite Aussage durch eine längere Rechnung in koordinatenunabhängiger Sprache beweisen.[20] Wir wählen an dieser Stelle einen direkteren Weg, indem wir die Aussage in Riemann'schen Normalkoordinaten (U, x) zeigen. Hier verschwinden die Christoffel-Symbole, sodass sich für die kovariante Ableitung des Krümmungstensors der folgende Ausdruck ergibt:

$$R^k{}_{pij;m} = R^k{}_{pij,m} = \Gamma^k_{pj,im} - \Gamma^k_{pi,jm}.$$

Permutieren der Indizes gemäß der zweiten Bianchi-Identität liefert

$$R^k{}_{pij,m} + R^k{}_{pjm,i} + R^k{}_{pmi,j}$$
$$= \Gamma^k_{pj,im} - \Gamma^k_{pi,jm} + \Gamma^k_{pm,ji} - \Gamma^k_{pj,mi} + \Gamma^k_{pi,mj} - \Gamma^k_{pm,ij} = 0.$$

Im letzten Schritt wurde das Vertauschen der partiellen Ableitungen ausgenutzt, sodass die Summanden paarweise wegfallen. Da der Tensor auf der linken Seite verschwindet, muss dieser auch in jedem anderen Koordinatensystem verschwinden, womit die dritte Aussage bewiesen ist. □

Weitere Eigenschaften werden deutlich, wenn wir den Krümmungstensor als kovarianten $(0, 4)$-Tensor schreiben durch

$$R(V, X, Y, Z) := \langle V, R(Y, Z)X \rangle \tag{6.91}$$

mit Vektorfeldern $V, X, Y, Z \in \mathcal{V}(M)$. Die Koeffizienten erhalten wir mittels Einsetzen der Basisvektorfelder:

$$R_{mpij} = R(\partial_m, \partial_p, \partial_i, \partial_j) = \langle \partial_m, R(\partial_i, \partial_j)\partial_p \rangle$$
$$= \langle \partial_m, R^k{}_{pij}\partial_k \rangle = \langle \partial_m, \partial_k \rangle R^k{}_{pij} = g_{mk}R^k{}_{pij}. \tag{6.92}$$

Es gilt also[21]

$$R_{mpij} = g_{mk}R^k{}_{pij}. \tag{6.93}$$

---

[20] Siehe [Küh12, S. 174] oder [Olo18, S. 182].

[21] Nach den bekannten Regeln zum Heben und Senken von Indizes hätten wir auch direkt Gl. (6.93) aufschreiben können. Die vorangegangene Rechnung macht allerdings nochmals deutlich, wie aus der koordinatenunabhängigen Schreibweise diese Regel folgt.

In Riemann'schen Normalkoordinaten, in denen die Christoffel-Symbole verschwinden, lässt sich der kovariante Krümmungstensor mit Gl. (6.37) durch den metrischen Tensor wie folgt ausdrücken:

$$R_{mpij} = \frac{1}{2}(g_{mi,pj} - g_{mj,pi} + g_{pj,mi} - g_{pi,mj}).$$ (6.94)

An dieser Form lassen sich die weiteren Symmetrien ablesen:

$$R_{mpij} = R_{ijmp},$$ (6.95)

$$R_{mpij} = -R_{pmij} = -R_{mpji} = R_{pmji}.$$ (6.96)

Mit $R_{mpij} = g_{mk}R^k{}_{pij}$ lässt sich die erste Bianchi-Identität schreiben als

$$R_{mpij} + R_{mijp} + R_{mjpi} = 0.$$ (6.97)

Mittels dieser Symmetrieeigenschaften lässt sich zeigen, dass der Krümmungstensor für eine n-dimensionale Mannigfaltigkeit insgesamt

$$\frac{n^2(n^2 - 1)}{12}$$ (6.98)

unabhängige Koeffizienten besitzt.[22] Im vierdimensionalen Fall bleiben von den insgesamt 256 Koeffizienten daher nur 20 übrig.

Für spätere Rechnungen benötigen wir noch die zweite Bianchi-Identität für den kovarianten Krümmungstensor, die sich direkt aus Satz 6.25iii') mit Gl. (6.93) ergibt:

$$R_{mpij;k} + R_{mpjk;i} + R_{mpki;j} = 0.$$ (6.99)

6.3.3   Ricci-Tensor und Krümmungsskalar

Zur Beschreibung der Krümmung durch einfachere Tensoren, führen wir im Folgenden Kontraktionen des Krümmungstensors $R^k{}_{pij}$ durch. Im ersten Schritt liefert die Kontraktion des oberen mit dem zweiten unteren Index des Krümmungstensors den *Ricci-Tensor*, der auch in den Einstein'schen Feldgleichungen auftauchen wird.

---

[22] Eine Herleitung dieses Ausdrucks ist in [Fli16, S. 98] zu finden.

Definition 6.26 Die Kontraktion des Krümmungstensors R liefert den *Ricci-Tensor*

$$Rc := C_2^1(R) \in T_2^0 M. \qquad (6.100)$$

Für die Koeffizienten R_{pj} des Ricci-Tensors ergibt sich

$$R_{pj} = R^k{}_{pkj} = g^{mk} R_{mpkj}. \qquad (6.101)$$

Satz 6.27 Der Ricci-Tensor ist symmetrisch, d. h. es gilt:

$$R_{pj} = R_{jp}. \qquad (6.102)$$

Beweis: Mit der Symmetrie des kovarianten Krümmungstensors in Gl. (6.95) folgt

$$R_{pj} = R^k{}_{pkj} = g^{mk} R_{mpkj} = g^{mk} R_{kjmp} = R^k{}_{kjp} = R_{jp}. \qquad (6.103)$$

$\square$

Eine weitere Kontraktion des Ricci-Tensors liefert den Krümmungsskalar.[23]

Definition 6.28 Der *Krümmungsskalar*[24] lautet

$$S := C_{12}(Rc) \in \mathcal{F}(M). \qquad (6.104)$$

In Koeffizienten ausgedrückt ergibt sich

$$S = R^j{}_j = g^{pj} R_{pj}. \qquad (6.105)$$

---

[23] In der Literatur wird der Krümmungsskalar auch mit R bezeichnet statt mit S. Um eine Verwechslung mit dem Krümmungstensor R in koordinatenunabhängiger Form auszuschließen, ist in unserem Fall die letztere Bezeichnung sinnvoller.

[24] Da der Ricci-Tensor ein zweifach kovariantes Tensorfeld ist, müssen wir für die Kontraktion in koordinatenunabhängiger Sprache C_{12} schreiben. Dies bezeichnet man formal als *metrische Kontraktion*, welche in [ONe10, S. 83] definiert wird. In der Koeffizientenschreibweise in Gl. (6.105) wird die Situation klarer: Wir heben zunächst den ersten Index des Ricci-Tensors und kontrahieren dann wie gewohnt über den oberen und unteren Index.

Aus der zweiten Bianchi-Identität lässt sich mithilfe der Symmetrieeigenschaften des Krümmungstensors die folgende Beziehung herleiten.

Satz 6.29 Es gilt

$$R^k{}_{i;k} = \frac{1}{2} S_{;i}. \tag{6.106}$$

Beweis: Wir berechnen mit den Eigenschaften des Krümmungstensors aus Satz 6.25:

$$
\begin{aligned}
S_{;i} &= (g^{jk} R_{jk})_{;i} \overset{(6.38)}{=} g^{jk} R_{jk;i} \overset{(6.101)}{=} g^{jk} R^r{}_{jrk;i} = g^{jk}(-R^r{}_{jir;k} - R^r{}_{jki;r}) \\
&= g^{jk}(R^r{}_{jri;k} - R^r{}_{jki;r}) = g^{jk} R_{ji;k} - g^{jk} g^{sr} R_{sjki;r} \overset{(6.96)}{=} g^{jk} R_{ji;k} + g^{jk} g^{sr} R_{jski;r} \\
&= g^{jk} R_{ji;k} + g^{sr} R^k{}_{ski;r} \overset{(6.101)}{=} g^{jk} R_{ji;k} + g^{sr} R_{si;r} = 2 g^{jk} R_{ji;k} = 2 R^k{}_{i;k}.
\end{aligned}
$$

$\square$

Die kovariante Ableitung des Ricci-Tensors auf der linken Seite von Gl. (6.106) verschwindet genau dann, wenn der Krümmungsskalar konstant ist. Ausgehend von Gl. (6.106) ist es uns aber möglich, einen Tensor mit verschwindender kovarianter Ableitung zu konstruieren. Wir machen dazu die folgenden Äquivalenzumformungen:

$$
\begin{aligned}
0 &= 2 R^k{}_{i;k} + S_{;i} \\
\Longleftrightarrow 0 &= 2 R^k{}_{i;k} + \delta_i^k S_{;k} \\
\Longleftrightarrow 0 &= (2 R^k{}_i + \delta_i^k S)_{;k} \\
\Longleftrightarrow 0 &= (2 g^{im} R^k{}_i + g^{im} \delta_i^k S)_{;k} \\
\Longleftrightarrow 0 &= (2 R^{km} + g^{km} S)_{;k} \\
\Longleftrightarrow 0 &= \left(R^{km} - \frac{1}{2} g^{km} S \right)_{;k}.
\end{aligned}
\tag{6.107}
$$

Im dritten Schritt haben wir bei der Multiplikation der Gleichung mit g^{im} ausgenutzt, dass die kovariante Ableitung des metrischen Tensors nach Gl. (6.38) verschwindet. Wir haben damit einen symmetrischen Tensor gefunden, den wir als *Einstein-Tensor* bezeichnen:

$$G := Rc - \frac{1}{2} g \, S \quad \text{bzw.} \quad G^{km} = R^{km} - \frac{1}{2} g^{km} S. \tag{6.108}$$

Neben der Symmetrie gilt nach Gl. (6.107) für den Einstein-Tensor die folgende Eigenschaft:

$$G^{km}_{\;\;;k} = 0. \tag{6.109}$$

Man sagt hierzu auch, dass der Einstein-Tensor *divergenzfrei* ist. Wir werden im nächsten Kapitel sehen, dass der Einstein-Tensor in den Einstein'schen Feldgleichungen auftaucht und warum die Symmetrie und Divergenzfreiheit dabei eine wichtige Rolle spielen.

Zum Abschluss des Kapitels wollen wir uns wieder zwei Beispielen widmen, um die vorherigen Ergebnisse zu veranschaulichen. Wie üblich betrachten wir dabei die Ebene $M = \mathbb{R}^2$ und die zweidimensionale Sphäre $M = S^2$. Da es sich um zweidimensionale Mannigfaltigkeiten handelt, bleibt wegen Gl. (6.98) lediglich ein unabhängiger Koeffizient des Krümmungstensors übrig.

Beispiel 6.30 (Ebene)
Für die Ebene $M = \mathbb{R}^2$ in Polarkoordinaten $(x^1, x^2) = (r, \varphi)$ erhalten wir mit den berechneten Christoffel-Symbolen aus Beispiel 6.7 für den Krümmungstensor:

$$R^r_{\;\varphi r \varphi} = \Gamma^r_{\varphi\varphi,r} - \Gamma^r_{\varphi r,\varphi} + \Gamma^m_{\varphi\varphi}\Gamma^r_{rm} - \Gamma^m_{\varphi r}\Gamma^r_{\varphi m} = \frac{\partial}{\partial r}(-r) - \Gamma^\varphi_{\varphi r}\Gamma^r_{\varphi\varphi} = 0. \tag{6.110}$$

Wie zu erwarten ist damit die Mannigfaltigkeit flach und es gilt natürlich auch $R_{pj} = 0$ und $S = 0$.

Beispiel 6.31 (Sphäre)
Für die Sphäre $M = S^2$ ergibt sich mit den Christoffel-Symbolen aus Beispiel 6.17:

$$R^{\theta}{}_{\varphi\theta\varphi} = \Gamma^{\theta}_{\varphi\varphi,\theta} - \Gamma^{\theta}_{\varphi\theta,\varphi} + \Gamma^{m}_{\varphi\varphi}\Gamma^{\theta}_{\theta m} - \Gamma^{m}_{\varphi\theta}\Gamma^{\theta}_{\varphi m}$$

$$= \frac{\partial}{\partial\theta}(-\sin(\theta)\cos(\theta)) - \Gamma^{\varphi}_{\varphi\theta}\Gamma^{\theta}_{\varphi\varphi} = \sin^2(\theta). \quad (6.111)$$

Die Koeffizienten des Ricci-Tensors lauten

$$R_{\theta\theta} = R^{\varphi}{}_{\theta\varphi\theta} = g^{\varphi\varphi}R_{\varphi\theta\varphi\theta} = g^{\varphi\varphi}g_{\theta\theta}R^{\theta}{}_{\varphi\theta\varphi} = \frac{1}{r^2\sin^2(\theta)} \cdot r^2 \cdot \sin^2(\theta) = 1,$$
$$(6.112)$$

$$R_{\varphi\varphi} = R^{\theta}{}_{\varphi\theta\varphi} = \sin^2(\theta), \quad (6.113)$$

$$R_{\theta\varphi} = R^{i}{}_{\theta i\varphi} = 0, \quad (6.114)$$

und der Krümmungsskalar ergibt sich zu

$$S = g^{\theta\theta}R_{\theta\theta} + g^{\varphi\varphi}R_{\varphi\varphi} = \frac{1}{r^2} + \frac{1}{r^2} = \frac{2}{r^2}. \quad (6.115)$$

Wie erwartet, erhalten wir für den Krümmungstensor in dem durch Gl. (5.86) in Beispiel 5.41 festgelegten Koordinatensystem überall nicht verschwindende Ausdrücke. Es handelt sich also um eine gekrümmte Mannigfaltigkeit. Während der Krümmungstensor vom gewählten Koordinatensystem abhängt, liefert der Krümmungsskalar ein Maß für die Krümmung, welches vom Koordinatensystem unabhängig ist.

Der aufmerksame Leser wird festgestellt haben, dass der Krümmungsskalar der Sphäre dem Doppelten der Gauß-Krümmung in Gl. (4.21) entspricht. Tatsächlich gilt dieser Zusammenhang allgemein. Da wir in dieser Arbeit auf die Darstellung der klassischen Flächentheorie verzichtet haben, halten wir dieses Ergebnis nur zur Vollständigkeit fest.

Satz 6.32 Der Krümmungsskalar einer Fläche ist das Doppelte ihrer Gauß-Krümmung, es gilt also $S = 2K$.

Beweis: [Olo18, S. 110]   □

Allgemeine Relativitätstheorie

Nach einem Ausflug in die Riemann'sche Geometrie sind wir jetzt im letzten Kapitel dieser Arbeit angelangt und widmen uns der ART sowie den Einstein'schen Feldgleichungen, die Einstein nach fast zehnjähriger harter Arbeit entwickelt hatte. Wie sehr er mit der Theorie gerungen hat, geht aus der folgenden Briefstelle von Einstein an Arnold Sommerfeld hervor:

> *„Ich beschäftige mich jetzt ausschließlich mit dem Gravitationsproblem und glaube nun mit Hilfe eines hiesigen befreundeten Mathematikers (Marcel Grossmann) aller Schwierigkeiten Herr zu werden. Aber das eine ist sicher, dass ich mich im Leben noch nicht annähernd so geplagt habe, und dass ich große Hochachtung für die Mathematik eingeflößt bekommen habe, die ich bis jetzt in ihren subtileren Teilen in meiner Einfalt für puren Luxus ansah – Gegen dies Problem ist die ursprüngliche Relativitätstheorie eine Kinderei.“* [1]

Die mathematischen Hilfsmittel, derer sich Einstein bediente, lagen gewissermaßen fertig bereit im Kalkül der differenzierbaren Mannigfaltigkeiten und der Riemann'schen Geometrie. Insbesondere die Arbeiten von Riemann, Ricci und Levi-Civita ebneten den Weg für die mathematische Formulierung von Einsteins Ideen. Ausgangspunkt für die Entwicklung der ART war das Äquivalenzprinzip, aus dem wir ableiten konnten, dass die Gravitation einer Raumkrümmung entspricht. Dies motivierte die Beschreibung der Raumzeit durch eine pseudo-Riemann'sche Mannigfaltigkeit. Mathematisch beruht das Äquivalenzprinzip auf der Tatsache, dass wir in jedem Punkt der Mannigfaltigkeit lokale Inertialkoordinaten einführen können, in denen die Gesetze der SRT gelten. Einstein war es damit möglich, die Gesetze der SRT zu verallgemeinern. Sein Ziel war es dabei, die Gesetze mit Gravitation so zu formulieren, dass sie in beliebigen Bezugssystemen die gleiche Form

---

[1] Das Zitat ist [Str88, S. 83] entnommen.

© Der/die Autor(en), exklusiv lizenziert an Springer Fachmedien Wiesbaden GmbH, ein Teil von Springer Nature 2022
L. Scharfe, *Geometrie der Allgemeinen Relativitätstheorie*, BestMasters,
https://doi.org/10.1007/978-3-658-40361-4_7

besitzen. Bisher haben wir in der Newton'schen Mechanik oder der SRT immer nur spezielle Transformationen betrachtet, unter denen die physikalischen Gesetze kovariant blieben. Wir haben uns dabei stets auf Inertialsysteme beschränkt, weil in nicht-inertialen Bezugssystemen Scheinkräfte auftreten und die Gesetze eine kompliziertere Form annehmen. Einstein forderte daher das *Kovarianzprinzip*, welches wir im folgenden Abschnitt formulieren werden. Nachdem wir nochmals den bereits erwähnten Energie-Impuls-Tensor aufgreifen, werden wir dann endlich in der Lage sein, die Einstein'schen Feldgleichungen aufzustellen. Daran anschließend untersuchen wir die Struktur der neu gefundenen Feldgleichungen und werden sie für den einfachen Fall einer kugelsymmetrischen Masseverteilung lösen. Im letzten Abschnitt diskutieren wir Effekte der ART, durch welche die Theorie noch zu Einsteins Lebzeiten experimentell bestätigt werden konnte. Wir orientieren uns bei der Darstellung der Inhalte, falls nicht anders vermerkt, an [Ryd09], [Sch17] und [Sch02].

7.1   Kovarianzprinzip

Wir haben in Abschnitt *3.1 Die Raumzeit der SRT* gesehen, wie das Einstein'sche Relativitätsprinzip zur Ersetzung der Galilei-Transformationen durch die Lorentz-Transformationen geführt hat. Unter diesen Transformationen behalten die Naturgesetze, insbesondere die Maxwell-Gleichungen, in allen IS die gleiche, einfache Form und sind damit kovariant. In der ART lassen wir nun beliebige Koordinatentransformationen zu und gemäß des Äquivalenzprinzips lässt sich in jedem Punkt der Raumzeit ein Lokales IS finden. Aufgrund der Krümmung der Raumzeit ist die Transformation in ein Lokales IS in jedem Punkt eine andere. Das hat zur Folge, dass es in der ART kein globales Koordinatensystem gibt, welches vor den anderen ausgezeichnet ist und in dem die Naturgesetze eine besonders einfache Form annehmen. Es bleibt also nichts anderes übrig, als die Gleichberechtigung aller Koordinatensysteme zu fordern. Einstein schreibt dazu:

> *„Die allgemeinen Naturgesetze sind durch Gleichungen auszudrücken, die für alle Koordinatensysteme gelten, d. h. die beliebigen Substitutionen gegenüber kovariant (allgemein kovariant) sind."* [2]

Wie wir jetzt bereits wissen, werden Tensoren eben dieser Forderung gerecht. Aus dem Transformationsgesetz in Gl. (5.64) folgt direkt, dass ein Tensor in allen Koordi-

---

[2] Siehe [Ein16a, S. 776].

natensystemen verschwindet, wenn er in einem einzigen Koordinatensystem gleich null ist. Eine kovariante Formulierung eines Naturgesetzes ist also gefunden, wenn wir es durch eine Tensorgleichung ausdrücken können.

7.2 Energie-Impuls-Tensor

In Abschnitt *4.1 Analogie zur Elektrodynamik* haben wir bei der Formulierung eines ersten relativistischen Gravitationsgesetzes die Massendichte in der Newton'schen Feldgleichung durch den Energie-Impuls-Tensor $T^{\mu\nu}$ ersetzt. Da dieser in den Einstein'schen Feldgleichungen auf der rechten Seite als Quellterm auftreten wird, wollen wir die Eigenschaften des Energie-Impuls-Tensors genauer diskutieren.

Wir kehren zunächst in die flache Raumzeit des Minkowski-Raums zurück und betrachten dort den Energie-Impuls-Tensor. Wie der Name bereits andeutet, beinhaltet $T^{\mu\nu}$ Informationen über die Verteilung und Bewegung von Energie und Masse in der Raumzeit. Um das Konzept des Energie-Impuls-Tensors auf möglichst einfache Weise zu illustrieren, wählen wir das Modell einer Staubwolke in einem abgeschlossenen System. Den Staub kann man sich dabei als einen Schwarm von nicht wechselwirkenden Teilchen vorstellen. Der Ansatz für dieses Modell lautet:

$$T^{\mu\nu}(x) = \rho_0(x)\, u^\mu(x) u^\nu(x). \tag{7.1}$$

Hierbei bezeichnet $\rho_0(x)$ die Massendichte und $u^\mu(x)$ die Vierergeschwindigkeit.[3] Um zu verdeutlichen, dass es sich um einen sinnvollen Ansatz handelt, untersuchen wir die Eigenschaften des Tensors. Für den 00-Koeffizient ergibt sich

$$T^{00}(x) = \rho_0(u^0)^2 \overset{(3.78)}{=} \rho_0(\gamma c)^2 = \rho_0\gamma^2 c^2 = \rho c^2, \tag{7.2}$$

wobei wir im letzten Schritt $\rho := \rho_0\gamma^2$ gesetzt haben. Mit

$$T^{00} = \rho c^2 = \frac{\Delta m\, c^2}{\Delta V} = \frac{\Delta E}{\Delta V} \tag{7.3}$$

---

[3] Zur besseren Übersicht werden die Argumente (x) im Folgenden weggelassen.

wird die physikalische Bedeutung von T^{00} als Energiedichte im betrachteten Volumenelement ΔV deutlich. Unter der Verwendung von $(u^\mu) = \gamma(c, \boldsymbol{v}) = \gamma(c, v_x, v_y, v_z)$ können auch die anderen Koeffizienten berechnet werden, sodass wir den Energie-Impuls-Tensor in Matrixschreibweise durch

$$(T^{\mu\nu}) = \rho \begin{pmatrix} c^2 & v_x\, c & v_y\, c & v_z\, c \\ v_x\, c & v_x{}^2 & v_x\, v_y & v_x\, v_z \\ v_y\, c & v_x\, v_y & v_y{}^2 & v_y\, v_z \\ v_z\, c & v_x\, v_z & v_y\, v_z & v_z{}^2 \end{pmatrix} \tag{7.4}$$

ausdrücken können. An dieser Darstellung wird deutlich, dass sich die Größe

$$\frac{1}{c} T^{0i} = \rho v^i \tag{7.5}$$

für $i = 1, 2, 3$ als Impulsdichte interpretieren lässt.[4] Außerdem sehen wir in der Matrixdarstellung nochmals deutlich die Symmetrie, die bereits aus Gl. (7.1) folgt:

$$T^{\mu\nu} = T^{\nu\mu}. \tag{7.6}$$

Es liegt nahe, dass eine tensorielle Größe zur Beschreibung von Energie und Impuls auch den Energie- und Impulserhaltungssatz beinhalten muss. Daher werden wir nun begründen, dass die beiden Erhaltungssätze erfüllt sind, wenn

$$T^{\mu\nu}{}_{,\mu} = 0 \tag{7.7}$$

gilt. Wir betrachten dabei zwei Fälle und setzen zunächst $\nu = 0$. Für $i = 1, 2, 3$ erhalten wir

$$\begin{aligned} 0 &= T^{\mu 0}{}_{,\mu} \\ &= T^{00}{}_{,0} + T^{i0}{}_{,i} \\ &= \frac{\partial}{\partial x^0}\left(\rho c^2\right) + \frac{\partial}{\partial x^i}\left(\rho v^i c\right) \\ &= \frac{\partial(\rho c)}{\partial t} + \frac{\partial}{\partial x^i}\left(\rho v^i c\right). \end{aligned}$$

---

[4] Eine anschauliche Deutung der übrigen Koeffizienten des Energie-Impuls-Tensors ist in [Göb16, S. 125 f] zu finden.

Den rechten Summand in der letzten Zeile können wir durch die Divergenz von $\rho\boldsymbol{v}$ ausdrücken und erhalten nach Multiplikation mit c eine Kontinuitätsgleichung für die Energiedichte ρc^2:

$$\frac{\partial(\rho c^2)}{\partial t} + \boldsymbol{\nabla} \cdot (\rho c^2 \,\boldsymbol{v}) = 0. \tag{7.8}$$

Um den Zusammenhang mit der Energieerhaltung zu erkennen, integrieren wir die Energiedichte ρc^2 über ein zeitlich unveränderliches Volumen V. Wir erhalten dann mit Gl. (7.8):

$$\begin{aligned}
\frac{d}{dt} \int_V (\rho c^2)\, d^3x &= \int_V \frac{\partial}{\partial t}(\rho c^2)\, d^3x \\
&= -\int_V (\boldsymbol{\nabla} \cdot (\rho c^2 \boldsymbol{v}))\, d^3x \\
&= -\oint_{S=\partial V} \rho c^2 \boldsymbol{v} \cdot d\boldsymbol{S}.
\end{aligned} \tag{7.9}$$

Im letzten Schritt wurde das Volumenintegral in ein Oberflächenintegral mit dem Satz von Gauß umgeschrieben. Wir sehen, dass die Änderung der Energie in einem Volumen gleich der Energie ist, die in das Volumen hinein oder hinaus fließt. Wir erhalten die Energieerhaltung, wenn das Oberflächenintegral in Gl. (7.9) gleich null wird, d. h. wenn der Fluss verschwindet. Wenn wir annehmen, dass das betrachtete System der Staubwolke räumlich begrenzt ist, wählen wir ein Volumen V, für welches das System vollständig in V liegt. Folglich verschwindet der Fluss.[5] Gl. (7.9) liefert uns somit die Energieerhaltung

$$\int_V (\rho c^2)\, d^3x = \int_V T^{00}\, d^3x = \text{const.} \tag{7.10}$$

---

[5] Alternativ können wir auch über den ganzen Raum integrieren. Hier argumentiert man dann, dass der Ausdruck $\rho c^2 \boldsymbol{v}$ für große Abstände hinreichend schnell gegen null geht, damit das Oberflächenintegral verschwindet.

Ein ähnliches Resultat ergibt sich für den Impuls, wenn wir $\nu = i$ setzen:

$$
\begin{aligned}
0 &= T^{\mu i}{}_{,\mu} \\
&= T^{0i}{}_{,0} + T^{ki}{}_{,k} \\
&= \frac{\partial}{\partial x^0}\,(\rho c v^i) + \frac{\partial}{\partial x^k}\,(\rho v^k v^i) \\
&= \frac{\partial}{\partial t}(\rho v^i) + \frac{\partial}{\partial x^k}\,(\rho v^k v^i).
\end{aligned}
$$

Wir erhalten für die Koeffizienten der Impulsdichte ρv^i eine Kontinuitätsgleichung

$$
\frac{\partial}{\partial t}(\rho v^i) + \nabla \cdot (\rho v^i\,\boldsymbol{v}) = 0. \tag{7.11}
$$

Durch analoge Überlegungen wie für die Energiedichte erhält man daraus den Impuls- erhaltungssatz. Gl. (7.7) drückt also die Erhaltung von Energie und Impuls in der SRT aus. Wir können diese Erkenntnis in die ART übersetzen, indem wir die partielle in die kovariante Ableitung umschreiben[6]:

$$
T^{\mu\nu}{}_{;\mu} = 0. \tag{7.12}
$$

Wir sehen, dass der Energie-Impuls-Tensor ebenso wie der Einstein-Tensor in Gl. (7.12) die Eigenschaft der Divergenzfreiheit erfüllt.

An dieser Stelle sei noch einmal betont, dass wir hier einen Energie-Impuls-Tensor für kräftefreie, also nicht wechselwirkende Teilchen betrachtet haben.[7] Da Energie- und Impulserhaltung nur für abgeschlossene Systeme gelten, müssen im Fall von wechselwirkenden Teilchen alle auftretenden Energieformen im Energie-Impuls-Tensor berücksichtigt werden. Für mechanische und elektromagnetische Energieformen, etc. ergibt sich:

$$
T^{\mu\nu} = T^{\mu\nu}_{(mech)} + T^{\mu\nu}_{(em)} + \cdots \tag{7.13}
$$

---

[6] Nach [Car14, S. 151 f] stellt dies ein legitimes Vorgehen bei der Verallgemeinerung physikalischer Gesetze der SRT in die ART dar.

[7] In [Sch02, S. 82–87] wird der Energie-Impuls-Tensor einer idealen Flüssigkeit behandelt und Scheck [Sch17, S. 173] führt das Maxwell'sche Tensorfeld als Beispiel an.

7.3 Einstein'sche Feldgleichungen

Einsteins Gravitationstheorie basiert auf der Grundidee, die Wirkung der Schwerkraft durch die Geometrie einer gekrümmten Raumzeit auszudrücken. Damit haben wir unter anderem festgestellt, dass die Bewegung von Materie aufgrund der Geometrie durch die Geodätengleichung festgelegt ist. Wir gehen jetzt der Frage nach, wie die Krümmung der Raumzeit durch die Verteilung von Masse und Energie im Universum bestimmt ist. In Abschnitt *4.1 Analogie zur Elektrodynamik* hatten wir bereits gesehen, dass auf der rechten Seite eines relativistischen Gravitationsgesetzes der Energie-Impuls-Tensor stehen muss. Die linke Seite der Einstein'schen Feldgleichungen muss folglich durch einen Tensor beschrieben werden, der die Metrik des gekrümmten Raums festlegt. Dieses gegenseitige Zusammenspiel bringt die folgende Formulierung besonders schön zur Geltung:

„Space acts on matter, telling it how to move. In turn, matter reacts back on space, telling it how to curve."[8]

Da die gesuchten Feldgleichungen eine relativistische Verallgemeinerung der Newton'schen Gravitationstheorie darstellen, können wir diese nicht aus bereits bekannten Gesetzen ableiten. Wir stellen daher einige plausible Bedingungen an die Einstein'schen Feldgleichungen:[9]

1. Aufgrund des Äquivalenz- und Relativitätsprinzips müssen sie als kovariante Tensorgleichungen formuliert werden.
2. In Anlehnung an die Feldgleichung in Newtons Theorie sollen sie partielle Differentialgleichungen zweiter Ordnung für die metrischen Koeffizienten $g_{\mu\nu}$ sein. Außerdem sollen sie linear in den zweiten Ableitungen von $g_{\mu\nu}$ sein.
3. Die Quelle des Gravitationsfelds ist der symmetrische und divergenzfreie Energie-Impuls-Tensor. Die gleichen Eigenschaften muss auch der Tensor auf der linken Seite der Einstein'schen Feldgleichungen besitzen.
4. Im Newton'schen Grenzfall muss sich die Poisson-Gleichung ergeben.

Im Krümmungstensor in Gl. (6.94) sind die zweiten Ableitungen von $g_{\mu\nu}$ linear enthalten, ebenso in dem Ricci-Tensor. Dieser ist zwar symmetrisch, aber nicht divergenzfrei. Der Einstein-Tensor in Gl. (6.108) erfüllt hingegen alle obigen Bedingun-

---

[8] Siehe [Mis08, S. 5].
[9] Die Aufzählung ist angelehnt an [Sch02, S. 91] und [Fli16, S. 117].

gen, sodass sich der folgende Ansatz der Einstein'schen Feldgleichungen aufstellen lässt:

$$G_{\mu\nu} = \kappa T_{\mu\nu} \quad \text{bzw.} \quad R_{\mu\nu} - \frac{1}{2}g_{\mu\nu}S = \kappa T_{\mu\nu}. \qquad (7.14)$$

Den Proportionalitätsfaktor κ werden wir durch den Übergang in den Newton'schen Grenzfall im nächsten Abschnitt bestimmen. Eine andere gängige Form der Einstein'schen Feldgleichungen erhalten wir durch Multiplikation der Gl. (7.14) mit $g^{\mu\nu}$. Setzen wir dazu $T := g^{\mu\nu}T_{\mu\nu}$ und verwenden $g^{\mu\nu}g_{\mu\nu} = \delta^{\mu}_{\mu} = 4$, folgt

$$g^{\mu\nu}R_{\mu\nu} - \frac{1}{2}g^{\mu\nu}g_{\mu\nu}S = \kappa g^{\mu\nu}T_{\mu\nu}$$

$$\Longleftrightarrow \quad R^{\mu}{}_{\mu} - 2S = \kappa T$$

$$\overset{(6.105)}{\Longleftrightarrow} \quad S - 2S = \kappa T$$

$$\Longleftrightarrow \quad S = -\kappa T. \qquad (7.15)$$

Einsetzen von Gl. (7.15) in Gl. (7.14) liefert die äquivalente Formulierung der Einstein'schen Feldgleichungen:

$$R_{\mu\nu} = \kappa \left(T_{\mu\nu} - \frac{1}{2}g_{\mu\nu}T \right). \qquad (7.16)$$

Aus dieser Darstellung folgen für $T^{\mu\nu} = 0$ die Feldgleichungen im Vakuum:

$$R_{\mu\nu} = 0. \qquad (7.17)$$

Es sei noch darauf hingewiesen, dass dies keinen einen flachen Raum impliziert. Hierfür muss gemäß Satz 6.24 als stärkere Bedingung der Riemann'sche Krümmungstensor verschwinden.

7.3.1 Newton'scher Grenzfall

Wie bereits angekündigt, wollen wir jetzt die in den Feldgleichungen auftretende Proportionalitätskonstante κ bestimmen. Hierzu gehen wir unter der Annahme eines schwachen und stationären (zeitunabhängigen) Gravitationsfelds in den Newton'schen Grenzfall über. Dabei werden wir sehen, wie die Newton'sche Mechanik und insbesondere die Poisson-Gleichung

$$\Delta \Phi = 4\pi G \rho \qquad (7.18)$$

in den Einstein'schen Feldgleichungen enthalten ist. Für ein schwaches Gravitationsfeld weicht der metrische Tensor $g_{\mu\nu}$ geringfügig von der Minkowski-Metrik $\eta_{\mu\nu}$ ab, d. h.

$$g_{\mu\nu} = \eta_{\mu\nu} + h_{\mu\nu}, \quad |h_{\mu\nu}| \ll 1. \qquad (7.19)$$

Dabei machen wir uns klar, dass in linearer Näherung

$$g^{\mu\nu} = \eta^{\mu\nu} - h^{\mu\nu} \qquad (7.20)$$

gilt, denn

$$g^{\mu\kappa} g_{\kappa\nu} = (\eta^{\mu\kappa} - h^{\mu\kappa})(\eta_{\kappa\nu} + h_{\kappa\nu}) = \delta^\mu_\nu + h^\mu{}_\nu - h^\mu{}_\nu + \mathcal{O}(h^2) \approx \delta^\mu_\nu. \qquad (7.21)$$

In der Newton'schen Näherung betrachten wir außerdem nichtrelativistische Teilchen mit einer geringen Geschwindigkeit $|\mathbf{v}| \ll c$. Wegen $\frac{dx^\mu}{d\tau} = \gamma(c, \mathbf{v})$ nehmen wir daher an:

$$|v^i| \approx \left| \frac{dx^i}{d\tau} \right| \ll \frac{dx^0}{d\tau} \approx c, \quad i = 1, 2, 3. \qquad (7.22)$$

Die Geodätengleichung für ein Teilchen, dessen Bahnkurve nach der Eigenzeit τ parametrisiert ist, lautet gemäß Gl. (6.56)

$$\frac{d^2 x^\kappa}{d\tau^2} + \Gamma^\kappa_{\mu\nu} \frac{dx^\mu}{d\tau} \frac{dx^\nu}{d\tau} = 0 \qquad (7.23)$$

und vereinfacht sich mit Gl. (7.21) zu

$$\frac{d^2x^i}{dt^2} \approx \frac{d^2x^i}{d\tau^2} = -\Gamma^i_{\mu\nu}\frac{dx^\mu}{d\tau}\frac{dx^\nu}{d\tau} \approx -\Gamma^i_{00}\frac{dx^0}{d\tau}\frac{dx^0}{d\tau} = \Gamma^i_{00}\left(\frac{dx^0}{d\tau}\right)^2 \approx -c^2\Gamma^i_{00}.$$
(7.24)

Um die hier auftretenden Christoffel-Symbole Γ^i_{00} zu bestimmen, berechnen wir zunächst allgemein:

$$\begin{aligned}
\Gamma^\kappa_{\mu\nu} &= \frac{1}{2}g^{\kappa\rho}(g_{\rho\mu,\nu} + g_{\rho\nu,\mu} - g_{\mu\nu,\rho}) \\
&= \frac{1}{2}(\eta^{\kappa\rho} - h^{\kappa\rho})(\eta_{\rho\mu,\nu} + h_{\rho\mu,\nu} + \eta_{\rho\nu,\mu} + h_{\rho\nu,\mu} - \eta_{\mu\nu,\rho} - h_{\mu\nu,\rho}) \\
&= \frac{1}{2}\eta^{\kappa\rho}(h_{\rho\mu,\nu} + h_{\rho\nu,\mu} - h_{\mu\nu,\rho}) + \mathcal{O}(h^2).
\end{aligned}$$
(7.25)

Im letzten Schritt ging ein, dass die partiellen Ableitungen von $\eta_{\mu\nu}$ wegfallen. Für $k = 1, 2, 3$ ergibt sich damit in linearer Näherung

$$\begin{aligned}
\Gamma^i_{00} &\approx \frac{1}{2}\eta^{i\rho}(2h_{0\rho,0} - h_{00,\rho}) \\
&= \eta^{i0}h_{00,0} + \eta^{ik}h_{0k,0} - \frac{1}{2}\eta^{i0}h_{00,0} - \frac{1}{2}\eta^{ik}h_{00,k} \\
&= -\frac{1}{2}\eta^{ik}h_{00,k} \\
&= \frac{1}{2}h_{00,i}.
\end{aligned}$$
(7.26)

In der obigen Rechnung wurde berücksichtigt, dass es sich um ein stationäres Gravitationsfeld handelt. Es gilt also $g_{\mu\nu,0} = 0$ und somit auch $h_{\mu\nu,0} = 0$. Im letzten Schritt wurde $\eta_{\mu\nu} = \mathrm{diag}(1, -1, -1, -1)$ verwendet. Mit der Newton'schen Bewegungsgleichung (2.6) erhalten wir

$$-\frac{\partial}{\partial x^i}\Phi = \frac{d^2x^i}{dt^2} \approx -c^2\Gamma^i_{00} = -\frac{c^2}{2}h_{00,i} = -\frac{c^2}{2}\frac{\partial}{\partial x^i}h_{00},$$
(7.27)

sodass sich nach Integration für Φ ergibt:

$$\Phi = \frac{c^2}{2}h_{00} + C, \quad C \in \mathbb{R}.$$
(7.28)

Unter der Annahme, dass im Unendlichen die Metrik $g_{\mu\nu}$ in die Minkowski-Metrik $\eta_{\mu\nu}$ übergeht, muss insbesondere h_{00} im Unendlichen verschwinden. Wir nehmen

außerdem an, dass das Newton'sche Potential Φ im Unendlichen gleich null wird.[10]
Die Integrationskonstante wird unter dieser Randbedingung zu $C = 0$, sodass folgt:

$$h_{00} = \frac{2\Phi}{c^2}. \tag{7.29}$$

Mit Gl. (7.19) lautet der 00-Koeffizient des metrischen Tensors:

$$g_{00}(x) = \eta_{00} + \frac{2\Phi}{c^2} = 1 + \frac{2\Phi}{c^2}, \quad \left|\frac{2\Phi}{c^2}\right| \ll 1. \tag{7.30}$$

Für den Ricci-Tensor ergibt sich mit Gl. (7.19) und Gl. (7.20):

$$\begin{aligned}
R_{\mu\nu} = R^{\kappa}{}_{\mu\kappa\nu} &= \Gamma^{\kappa}_{\mu\nu,\kappa} - \Gamma^{\kappa}_{\mu\kappa,\nu} + \Gamma^{\rho}_{\mu\nu}\Gamma^{\kappa}_{\kappa\rho} - \Gamma^{\rho}_{\mu\kappa}\Gamma^{\kappa}_{\nu\rho} \\
&= \Gamma^{\kappa}_{\mu\nu,\kappa} - \Gamma^{\kappa}_{\mu\kappa,\nu} + \mathcal{O}(h^2) \\
&= \frac{1}{2}\eta^{\kappa\rho}(h_{\rho\mu,\nu\kappa} + h_{\rho\nu,\mu\kappa} - h_{\mu\nu,\rho\kappa}) - \frac{1}{2}\eta^{\kappa\rho}(h_{\rho\mu,\kappa\nu} + h_{\rho\kappa,\mu\nu} - h_{\mu\kappa,\rho\nu}) + \mathcal{O}(h^2) \\
&= \frac{1}{2}\eta^{\kappa\rho}(h_{\rho\nu,\mu\kappa} - h_{\mu\nu,\rho\kappa} - h_{\rho\kappa,\mu\nu} + h_{\mu\kappa,\rho\nu}) + \mathcal{O}(h^2). \tag{7.31}
\end{aligned}$$

Der 00-Koeffizient des Ricci-Tensors reduziert sich damit im stationären Grenzfall auf

$$\begin{aligned}
R_{00} &\approx \frac{1}{2}\eta^{\kappa\rho}(h_{\rho 0,0\kappa} - h_{00,\rho\kappa} - h_{\rho\kappa,00} + h_{0\kappa,\rho 0}) \\
&= \frac{1}{2}\eta^{\kappa\rho}h_{00,\rho\kappa} = \frac{1}{2}h_{00,ii} = \frac{1}{2}\Delta h_{00} = \Delta\frac{\Phi}{c^2}. \tag{7.32}
\end{aligned}$$

Damit haben wir die linke Seite der Feldgleichungen (7.16) in der Newton'schen Näherung berechnet. Es fehlt noch der Energie-Impuls-Tensor, dessen Koeffizienten $T^{0i} = T^{i0}$ und $T^{ij} = T^{ji}$ für $i, j = 1, 2, 3$ im nichtrelativistischen Fall wegen

$$\frac{|T^{0i}|}{T^{00}} \approx \frac{|v^i|}{c} \ll 1 \quad \text{und} \quad \frac{|T^{ij}|}{T^{00}} = \mathcal{O}\left((v^i/c)^2\right) \ll 1 \tag{7.33}$$

vernachlässigbar werden. Es verbleibt nur noch der 00-Koeffizient mit

$$T^{00} \approx \rho c^2. \tag{7.34}$$

---

[10] Die Begründung ist angelehnt an [Wei72, S. 78].

Wegen $|2\Phi/c^2| \ll 1$ erhalten wir außerdem

$$T_{00} = g_{00}T^{00} = \left(1 + \frac{2\Phi}{c^2}\right)T^{00} \approx T^{00} \approx \rho c^2. \tag{7.35}$$

Einsetzen von Gl. (7.35) in die Feldgleichung (7.16) liefert:

$$\begin{aligned} R_{00} &= \kappa\left(T_{00} - \frac{1}{2}g_{00}T\right) \\ &\approx \kappa\left(T_{00} - \frac{1}{2}T_{00}\right) \\ &\approx \frac{\kappa}{2}\rho c^2 \overset{(7.32)}{=} \frac{\Delta\Phi}{c^2} \overset{(7.18)}{=} \frac{4\pi G\rho}{c^2}. \end{aligned} \tag{7.36}$$

Über die letzte Zeile können wir schließlich die Proportionalitätskonstante κ bestimmen:

$$\kappa = \frac{8\pi G}{c^4}. \tag{7.37}$$

Die Einstein'schen Feldgleichungen lauten damit

$$G_{\mu\nu} = R_{\mu\nu} - \frac{1}{2}g_{\mu\nu}S = \frac{8\pi G}{c^4}T_{\mu\nu}. \tag{7.38}$$

7.3.2 Struktur der Feldgleichungen

Mit den Einstein'schen Feldgleichungen haben wir ein System partieller Differentialgleichungen zur Bestimmung der metrischen Koeffizienten $g_{\mu\nu}$ gefunden, deren Eigenschaften wir jetzt untersuchen wollen. Wir orientieren uns in diesem Abschnitt an [Sch02, S. 93–95], [Reb12, S. 271–273] und [Fli16, 124–130].

Zunächst ist festzuhalten, dass die Feldgleichungen nicht linear von den $g_{\mu\nu}$ und deren ersten Ableitungen abhängen. Das Superpositionsprinzip gilt daher *nicht*, wodurch das Auffinden von Lösungen deutlich erschwert ist. Es existiert dadurch auch kein standardisiertes Lösungsverfahren und es ist notwendig Annahmen zu treffen, die das Lösen der Gleichungen vereinfachen. Eine Möglichkeit zum Auffinden exakter Lösungen wäre hier die Annahme von Symmetrien und der

Zeitunabhängigkeit. Man könnte auch die Gleichungen wie im letzten Abschnitt zum Newton'schen Grenzfall linearisieren und für schwache Felder lösen. Berücksichtigt man hingegen höhere Ordnungen und geht von langsam bewegten Teilchen aus, erhält man post-Newton'sche Näherungen der Feld- und Bewegungsgleichungen. Im nächsten Kapitel werden wir eine nicht triviale Lösung der Feldgleichungen herleiten.

Diskutieren wir in einem zweiten Schritt die Anzahl der Feldgleichungen. Aufgrund der Symmetrie des Einstein-Tensors $G_{\mu\nu}$ und des Energie-Impuls-Tensors $T_{\mu\nu}$ erhalten wir 10 unabhängige Gleichungen. Diese Anzahl reduziert sich infolge der Divergenzfreiheit von $G_{\mu\nu}$ gemäß Gl. (6.109) um 4 Gleichungen, sodass insgesamt $10 - 4 = 6$ unabhängige Feldgleichungen übrig bleiben. Die 10 unbekannten Funktionen $g_{\mu\nu}(x)$ sind also durch die Feldgleichungen nicht eindeutig bestimmt. Wären die metrischen Koeffizienten hingegen vollständig festgelegt, gäbe es bei der Wahl der Koordinaten keine Freiheit mehr und die Feldgleichungen würden nicht nur die Geometrie des Raums, sondern auch die Koordinaten zu deren Beschreibung festlegen. Nach dem Kovarianzprinzip sind allerdings alle Transformationen gemäß Gl. (5.76) möglich. Insofern impliziert die Kovarianzforderung die Freiheit der Koordinatenwahl und damit die Unbestimmtheit der Lösungen $g_{\mu\nu}$. Die verbleibenden vier Freiheitsgrade können dazu genutzt werden, geeignete Koordinatenbedingungen an die Feldgleichungen zu stellen. Vergleichbar ist dieses Vorgehen mit den Eichbedingungen in der Elektrodynamik. Ähnlich, wie eine Entkopplung der Maxwell-Gleichungen (3.97) durch die Eichbedingung in Gl. (3.96) erreicht werden konnte, lassen sich durch die (nicht kovariante) Bedingung

$$g^{\mu\nu}\Gamma^{\kappa}_{\mu\nu} = 0 \tag{7.39}$$

die Feldgleichungen entkoppeln.[11]

7.3.3 Feldgleichung mit kosmologischer Konstante

Einstein ging zu seiner Zeit zunächst von einem statischen Universum mit homogener Massenverteilung aus. Um die Existenz einer statischen Lösung in seinen

---

[11] Die Bedingung ist nicht kovariant, da es sich um keine Tensorgleichung handelt (die Christoffel-Symbole sind keine Tensoren). Für weitere Informationen sei an [Reb12, S. 272] verwiesen.

Feldgleichungen zu ermöglichen, ergänzte er einen zur Metrik proportionalen Term $\Lambda g_{\mu\nu}$.[12] Die Feldgleichungen nehmen damit die folgende Form an:

$$R_{\mu\nu} - \frac{1}{2} g_{\mu\nu} S + \Lambda g_{\mu\nu} = \frac{8\pi G}{c^4} T_{\mu\nu}. \qquad (7.40)$$

Der konstante Faktor Λ wird *kosmologische Konstante* genannt. Im Laufe der Geschichte wurde die Bedeutung der Konstante stark diskutiert. Zunächst ist zu bemerken, dass die linke Seite der modifizierten Feldgleichung weiterhin die Divergenzfreiheit erfüllt. In diesem Sinne stellt das Hinzufügen der kosmologischen Konstante eine legitime Erweiterung dar, welche den oben aufgestellten Bedingungen genügt. Ein Problem ergibt sich allerdings bei der post-Newton'schen Näherung. Hier schlägt sich die Konstante als zusätzlicher konstanter Term in der Poisson-Gleichung nieder, welche als experimentell gesichert gilt und insbesondere für das Sonnensystem sehr genaue Vorhersagen trifft. Die Konstante, so folgerte Einstein, müsste daher einen genügend kleinen Wert annehmen.[13] Mit der Entdeckung der Fluchtgeschwindigkeit der Galaxien durch Edwin Hubble festigte sich die Vorstellung von einem expandierenden Universum. Einstein verwarf daher die Idee der kosmologischen Konstante wieder und bezeichnete sie als „größten Schnitzer seines Lebens".[14] Dennoch wird heute wieder von einem nicht verschwindenden, jedoch besonders kleinen Wert der Konstante ausgegangen, welche vor dem Hintergrund einer zeitlich konstanten Energiedichte des Vakuums interpretiert wird. Mit deren Hilfe versucht man, die beschleunigte Expansion des Universums zu erklären. Außerdem wird die Vakuumenergiedichte in der Quantenfeldtheorie als Ergebnis von Vakuumfluktuationen gedeutet. Die Annahme einer zeitlich variablen Energiedichte führt zu dem Begriff der *dunklen Energie*, die heute Gegenstand der Forschung ist. Weitere Informationen hierzu finden sich in [Sch02, S. 99 ff] und [Car14, S. 171 ff].

7.4   Die kugelsymmetrische Lösung

Im Jahr 1916 fand Karl Schwarzschild[15] die erste exakte Lösung der Einstein'schen Feldgleichungen im Vakuum. Sie beschreibt die Metrik im Außenraum einer stati-

---

[12] Siehe [Ein17, S. 151].
[13] Siehe [Ein17, S. 151].
[14] Zitiert nach Fußnote 5 in [Sch02, S. 99].
[15] Karl Schwarzschild (1873–1916) war deutscher Astronom und Physiker.

schen, kugelsymmetrischen Massenverteilung und liefert daher eine gute Näherung
für die Gravitationsfelder der Himmelskörper in unserem Sonnensystem. Die sphärische Symmetrie legt für die Modellierung der Raumzeit eine Mannigfaltigkeit der
Struktur $M = \mathbb{R} \times (0, \infty) \times S^2$ nahe. Für die Bestimmung der metrischen Koeffizienten verwenden wir daher Kugelkoordinaten $(x^0, x^1, x^2, x^3) = (ct, r, \theta, \varphi)$.

Für große Abstände $r \to \infty$ sollte die zu bestimmende Metrik in die Minkowski-
Metrik $\eta_{\mu\nu}$ in Kugelkoordinaten mit dem Wegelement

$$ds^2 = c^2 dt^2 - dr^2 - r^2 (d\theta^2 + \sin^2(\theta) \, d\varphi^2) \tag{7.41}$$

übergehen. Für einen allgemeinen Ansatz der Metrik $g_{\mu\nu}$ ist zunächst zu bemerken,
dass die metrischen Koeffizienten wegen der Zeitunabhängigkeit und Symmetrie
nur von der Radialkomponente r abhängen dürfen. Außerdem verschwinden aus
diesem Grund im Wegelement die linearen Terme in $d\theta$ und $d\varphi$. Die gemischten
Terme $dx^i dt$ für $i = 1, 2, 3$ fallen ebenfalls weg, um die Invarianz von ds^2 unter
Zeitumkehr zu gewährleisten. Wir erhalten damit das Wegelement

$$ds^2 = U(r) c^2 dt^2 - V(r) dr^2 - W(r) r^2 (d\theta^2 + \sin^2(\theta) \, d\varphi^2). \tag{7.42}$$

Durch eine geeignete Wahl der Koordinaten können wir das Wegelement weiter
vereinfachen. Dazu transformieren wir die radiale Koordinate zu $r' = \sqrt{W(r)}r$,
sodass sich $r'^2 = W(r) r^2$ ergibt. Bezeichnen wir die gestrichenen Koordinaten r'
wieder als r und setzen gleichzeitig

$$U(r) = e^{2A(r)}, \quad V(r) = e^{2B(r)}, \tag{7.43}$$

erhalten wir das Wegelement

$$ds^2 = e^{2A(r)} c^2 dt^2 - e^{2B(r)} dr^2 - r^2 (d\theta^2 + \sin^2(\theta) \, d\varphi^2). \tag{7.44}$$

Die Setzung der Funktionen in Gl. (7.43) vereinfacht spätere Rechnungen und stellt
außerdem sicher, dass die Vorfaktoren von dt^2 und dr^2 nicht ihr Vorzeichen wech-
seln und die Metrik somit die richtige Signatur behält. Der metrische Tensor nimmt
damit Diagonalform an und wird zu

$$g_{\mu\nu} = \mathrm{diag}\left(e^{2A(r)}, -e^{2B(r)}, -r^2, -r^2 \sin^2(\theta)\right), \tag{7.45}$$

$$g^{\mu\nu} = \mathrm{diag}\left(e^{-2A(r)}, -e^{-2B(r)}, -\frac{1}{r^2}, -\frac{1}{r^2 \sin^2(\theta)}\right). \tag{7.46}$$

Zur Berechnung des Ricci-Tensors müssen wir zunächst die Christoffel-Symbole bestimmen. Unter Verwendung der abkürzenden Schreibweise $A = A(r)$ und $A' = \frac{dA}{dr}$ berechnen wir exemplarisch:

$$\Gamma_{00}^1 = \frac{1}{2} g^{1\rho} (g_{0\rho,0} + g_{\rho 0,0} - g_{00,\rho}) = \frac{1}{2} g^{1\rho} (2 g_{0\rho,0} - g_{00,\rho})$$

$$= -\frac{1}{2} g^{1\rho} g_{00,\rho} = -\frac{1}{2} g^{11} g_{00,1} = A' e^{2(A-B)}. \tag{7.47}$$

Durch ähnliche Rechnungen ergeben sich die verbleibenden und von null verschiedenen Christoffel-Symbole[16]

$$\Gamma_{01}^0 = \Gamma_{10}^0 = A', \qquad \Gamma_{11}^1 = B', \qquad \Gamma_{22}^1 = -r e^{-2B},$$

$$\Gamma_{12}^2 = \Gamma_{21}^2 = \frac{1}{r}, \qquad \Gamma_{33}^1 = -r \sin^2(\theta)\, e^{-2B}, \qquad \Gamma_{23}^3 = \Gamma_{32}^3 = \cot(\theta),$$

$$\Gamma_{13}^3 = \Gamma_{31}^3 = \frac{1}{r}, \qquad \Gamma_{33}^2 = -\sin(\theta)\cos(\theta). \tag{7.48}$$

Die Christoffel-Symbole setzen wir in die Vakuum-Feldgleichungen

$$R_{\mu\nu} = \Gamma_{\mu\nu,\kappa}^\kappa - \Gamma_{\mu\kappa,\nu}^\kappa + \Gamma_{\rho\kappa}^\kappa \Gamma_{\mu\nu}^\rho - \Gamma_{\rho\nu}^\kappa \Gamma_{\mu\kappa}^\rho = 0 \tag{7.49}$$

ein. Für R_{00} ergibt sich die Gleichung

$$R_{00} = R^\kappa{}_{0\kappa 0} = \Gamma_{00,\kappa}^\kappa - \Gamma_{0\kappa,0}^\kappa + \Gamma_{\rho\kappa}^\kappa \Gamma_{00}^\rho - \Gamma_{\rho 0}^\kappa \Gamma_{0\kappa}^\rho$$

$$= \Gamma_{00,1}^1 + \Gamma_{1\kappa}^\kappa \Gamma_{00}^1 - (\Gamma_{00}^1 \Gamma_{01}^0 + \Gamma_{10}^0 \Gamma_{00}^1)$$

$$= \frac{\partial}{\partial r} (A' e^{2(A-B)}) + \left(A' + B' + \frac{1}{r} + \frac{1}{r}\right) A' (e^{2(A-B)}) - 2A'^2 (e^{2(A-B)})$$

$$= e^{2(A-B)}(A'' + 2A'^2 - 2A'B') + \left(A' + B' + \frac{2}{r}\right) A' (e^{2(A-B)}) - 2A'^2 (e^{2(A-B)})$$

$$= e^{2(A-B)} \left(A'' + A'^2 - A'B' + \frac{2A'}{r}\right) = 0. \tag{7.50}$$

Analoge Berechnungen der anderen Koeffizienten des Ricci-Tensors führen auf die Gleichungen[17]

---

[16] Die Christoffel-Symbole sind in Anhang A.3 ausführlich berechnet.

[17] Die übrigen Diagonaleinträge des Ricci-Tensors sind in Anhang A.3 ausführlich berechnet.

$$R_{11} = -A'' + A'B' + \frac{2B'}{r} - A'^2 = 0, \tag{7.51}$$

$$R_{22} = (-1 - rA' + rB')e^{-2B} + 1 = 0, \tag{7.52}$$

$$R_{33} = R_{22}\sin^2(\theta) = 0. \tag{7.53}$$

Wir sehen, dass die Gleichung $R_{33} = 0$ äquivalent zur Gl. (7.52) ist. Alle anderen Koeffizienten verschwinden unabhängig von den Funktionen $A(r)$ und $B(r)$, d. h. $R_{\mu\nu} = 0$ für $\mu \neq \nu$. Es verbleiben also die drei Gl. (7.50), (7.51) und (7.52), welche die Funktionen $A(r)$ und $B(r)$ festlegen. Wegen $e^{2(A-B)} \neq 0$ ergibt die Addition von Gl. (7.50) mit Gl. (7.51) den folgenden Zusammenhang:

$$A'(r) + B'(r) = 0 \quad \Longleftrightarrow \quad A(r) + B(r) = k \in \mathbb{R}. \tag{7.54}$$

Da für $r \to \infty$ der metrische Tensor $g_{\mu\nu}$ in die Minkowski-Metrik $\eta_{\mu\nu}$ in Gl. (7.41) übergehen muss, gilt

$$\lim_{r \to \infty} A(r) = \lim_{r \to \infty} B(r) = 0. \tag{7.55}$$

Die Konstante k in Gl. (7.54) muss daher verschwinden, sodass gilt:

$$A(r) + B(r) = 0 \quad \Longleftrightarrow \quad B(r) = -A(r). \tag{7.56}$$

Diese Beziehung setzen wir in Gl. (7.52) ein und erhalten

$$0 = (-1 - rA' + rB')e^{-2B} + 1 \stackrel{(7.56)}{=} (-1 - rA' - rA')e^{2A} + 1 \tag{7.57}$$

$$\Longleftrightarrow \quad 1 = (1 + 2rA')e^{2A} = \frac{d}{dr}(re^{2A}). \tag{7.58}$$

Integration der letzten Zeile liefert

$$\int \frac{d}{dr}(re^{2A})\,dr = re^{2A} = r + c, \quad c \in \mathbb{R}. \tag{7.59}$$

Für die Integrationskonstante setzen wir $c := -2m$, $m \in \mathbb{R}$, und erhalten schließlich für die ersten beiden metrischen Koeffizienten:

$$g_{00} = e^{2A} = 1 - \frac{2m}{r}, \tag{7.60}$$

$$g_{11} = -e^{2B} = -\left(1 - \frac{2m}{r}\right)^{-1} = -\frac{1}{1 - 2m/r}. \tag{7.61}$$

Der Grenzfall für schwache Felder legt mit dem Newton'schen Gravitationspotential $\Phi = -(GM)/r$ für eine kugelsymmetrische Massenverteilung mit Gesamtmasse M die Integrationskonstante fest:

$$g_{00} = 1 + \frac{2\Phi}{c^2} = 1 - \frac{2GM}{rc^2} = 1 - \frac{2m}{r} \implies 2m = \frac{2GM}{c^2}. \tag{7.62}$$

Die Größe

$$r_S := \frac{2GM}{c^2} \tag{7.63}$$

wird *Schwarzschild-Radius* genannt. Durch Einsetzen der metrischen Koeffizienten g_{00} und g_{11} in das Wegelement in Gl. (7.44) und mit $2m = r_S$ ergibt sich die (äußere) *Schwarzschild-Metrik* zu

$$ds^2 = \left(1 - \frac{r_S}{r}\right)c^2 dt^2 - \frac{1}{1 - r_S/r} dr^2 - r^2(d\theta^2 + \sin^2(\theta)\, d\varphi^2). \tag{7.64}$$

Wir haben damit eine exakte Lösung der Vakuum-Feldgleichungen gefunden. Diese ist *außerhalb* einer kugelsymmetrischen Massenverteilung gültig, weil nur hier die Vakuum-Feldgleichungen ihre Gültigkeit besitzen.

7.4.1 Eigenschaften der Schwarzschild-Metrik

Wir wollen in einem kurzen Abschnitt zunächst auf die physikalischen Eigenschaften der Schwarzschild-Metrik eingehen.

Zunächst ist zu bemerken, dass wir (wie eingangs gefordert) für $r \to \infty$ die Minkowski-Metrik in Gl. (7.41) erhalten. In weiter Entfernung nähert sich also die Raumzeit einer flachen Geometrie an.

Es ist außerdem zu erwähnen, dass wir bei der Herleitung der Schwarzschild-Metrik von einer nicht-rotierenden, elektrisch neutralen Massenverteilung ausgegangen sind. Zur Beschreibung der Massenverteilung haben wir lediglich deren Masse M berücksichtigt und nicht deren Drehimpuls und elektrische Ladung. Zudem sind wir davon ausgegangen, dass die Massenverteilung kugelsymmetrisch und statisch sein muss. Die Funktionen in Gl. (7.43) hängen daher nur von der Radialkomponente ab. Tatsächlich würde aber ein Ansatz, in dem die beiden Funktionen von der Zeitkoordinate abhängen, unter sonst gleichen Annahmen ebenfalls zur Schwarzschild-Metrik führen. Sie ist daher die eindeutige Lösung der Vakuum-Feldgleichungen einer kugelsymmetrischen Lösung.[18] Diese Erkenntnis geht auf George David Birkhoff[19] zurück.

Satz 7.1 (Birkhoff-Theorem)
Jede kugelsymmetrische Lösung der Einstein'schen Feldgleichungen im Vakuum ist für $r > r_S$ statisch und wird durch die Schwarzschild-Metrik beschrieben.[20]

Wir können etwa daraus folgern, dass die Schwarzschild-Lösung auch für pulsierende Sterne gilt, da diese die sphärische Symmetrie nicht verletzen.
Diskutieren wir nun den Gültigkeitsbereich der Schwarzschild-Metrik genauer. Zu Beginn hatten wir für die Raumzeit eine Mannigfaltigkeit $M = \mathbb{R} \times (0, \infty) \times S^2$ zugrunde gelegt. Es fällt direkt auf, dass die Lösung an der Stelle $r = r_S$ aufgrund der dort nicht definierten metrischen Koeffizienten g_{00} und g_{11} ihre Gültigkeit verliert. Das von uns benutzte Koordinatensystem bzw. die von uns benutzte Karte, in der die Schwarzschild-Metrik die Form in Gl. (7.64) annimmt, ist daher nur für Radien $r_S < r < \infty$ anwendbar. Für den Bereich $0 < r < r_S$ müssten andere Koordinaten benutzt werden.[21] Mathematisch gesehen handelt es sich daher bei $r = r_S$ auch nur um eine Koordinatensingularität. Das ist vergleichbar mit der Koordinatensingularität der Sphäre am Nord- und Südpol bei $\theta = 0$ und $\theta = \pi$ in dem von uns gewählten Koordinatensystem (siehe Beispiel 5.41 und 6.17). Durch die Wahl eines anderen Koordinatensystems würde sich diese beheben lassen. Um zu entscheiden, ob es sich um eine *echte Singularität*[22] handelt, benötigen wir eine koordinatenunabhängige Größe. Der Krümmungsskalar S wäre hierfür ein geeigneter Kandidat. Allerdings verschwindet S, da wir die Vakuum-Feldgleichungen

---

[18] Die Lösung ist nur eindeutig, wenn zusätzlich die kosmologische Konstante verschwindet.

[19] Birkhoff (1884–1944) war ein amerikanischer Mathematiker.

[20] Siehe [Reb12, S. 297].

[21] Siehe [Goe96, S. 284]. Durch eine Koordinatentransformation lässt sich die Schwarzschild-Metrik auf Radien $r < r_S$ fortsetzen.

[22] Eine echte Singularität wird auch *Krümmungssingularität* genannt. An diesem Punkt divergiert die Krümmung.

$R_{\mu\nu} = 0$ gelöst haben. Um echte Singularitäten zu identifizieren, kann daher auch der *Kretschmann-Skalar*[23] K verwendet werden. Dieser entsteht durch Kontraktion des Krümmungstensors auf die folgende Weise:

$$K = R_{\mu\nu\rho\sigma} R^{\mu\nu\rho\sigma}. \tag{7.65}$$

Für die Schwarzschild-Metrik ergibt sich nach [Bob16, S. 225] der Kretschmann-Skalar

$$K = \frac{12r_S^2}{r^6}. \tag{7.66}$$

Demnach handelt es sich bei $r = 0$ um eine echte Singularität. Physikalisch gesehen erhält der Schwarzschild-Radius $r = r_S$ aber dennoch eine wichtige Bedeutung. Massen mit einem Radius $r \leq r_S$ bezeichnet man als *schwarze Löcher*. Den Schwarzschild-Radius interpretieren wir daher als *Ereignishorizont* eines schwarzen Lochs. Wir wollen uns im Folgenden überlegen, was beim Überschreiten des Ereignishorizonts passieren würde und betrachten dazu die Schwarzschild-Metrik in Gl. (7.64) auch für Radien $r < r_S$. Wir stellen fest, dass sich die Vorzeichen der Zeit- und Radiusvariablen beim Überschreiten des Ereignishorizonts vertauschen. Physikalisch interpretiert bedeutet der Vorzeichenwechsel einen Rollentausch: r wird zur Zeitkoordinate und t zur räumlichen Koordinate. Das hat zur Folge, dass die Schwarzschild-Metrik für Radien $r < r_S$ zeitabhängig wird.[24] Mithilfe radialer Lichtkegel lässt sich der Wechsel zwischen raum- und zeitartigem Charakter der Koordinaten t und r verdeutlichen.[25] Wir betrachten dazu eine radial zum Ursprung des schwarzen Lochs verlaufende, lichtartige Geodäte, d. h. $d\theta = d\varphi = 0$ und $ds^2 = 0$. Die Schwarzschild-Metrik vereinfacht sich damit auf

$$ds^2 = \left(1 - \frac{r_S}{r}\right)c^2 dt^2 - \frac{1}{1 - r_S/r}dr^2 = 0. \tag{7.67}$$

Durch Umstellen resultieren daraus die Steigungen

$$\frac{dt}{dr} = \pm\frac{1}{c(1 - r_S/r)} \tag{7.68}$$

---

[23] Benannt nach dem deutschen Physiker Erich Kretschmann (1887–1973).
[24] Siehe [Reb12, S. 298].
[25] Die folgende Argumentation orientiert sich an [Bob16, S. 224 ff].

der radialen Lichtkegel. In Abb. 7.1 sind diese in einem $t-r$-Diagramm aufgetragen. Wir sehen, dass sich die Lichtkegel bei Annäherung an den Ereignishorizont immer weiter verengen und schließlich im Bereich $r < r_S$ entlang der Raumachse geöffnet sind. Ein außenstehender Beobachter hat daher keine Möglichkeit, zu sehen, was jenseits des Horizonts bei $r < r_S$ geschieht. Außerdem wird es unmöglich, dass Informationen das schwarze Loch verlassen können. Wir werden in Abschnitt 7.5.5 *Schwarzschild-Radius als Ereignishorizont* genauer diskutieren, was bei einem Fall in ein schwarzes Loch passieren würde.

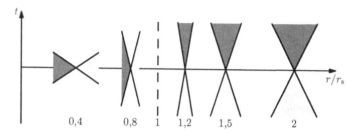

Abbildung 7.1 Radiale Lichtkegel in der Nähe des Ereignishorizonts. Der dunkelgraue Bereich kennzeichnet den Zukunftslichtkegel. Entnommen aus [Bob16, S. 226]

In unserem Sonnensystem ist der Radius der Sonne $R_\odot = 6,96 \cdot 10^5$ km deutlich größer als ihr Schwarzschild-Radius, denn mit der Masse $M_\odot = 1,989 \cdot 10^{30}$ kg und mit G aus Gl. (2.3) ergibt sich

$$r_{S,\odot} = 2,95 \, \text{km}. \qquad (7.69)$$

Wir können daher ohne Weiteres das Gravitationsfeld der Sonne durch die Schwarzschild-Metrik beschreiben. Im nächsten Kapitel widmen wir uns daher den klassischen, beobachtbaren Effekten in unserem eigenen Sonnensystem.

Zuvor wollen wir uns jedoch noch kurz die Bedeutung der radialen Koordinate für Abstandsmessungen in der Schwarzschild-Raumzeit verdeutlichen. Aufgrund des metrischen Koeffizienten g_{11} lässt sich die Radialkoordinate r nicht wie in einer flachen Raumzeit als Abstand zum Ursprung interpretieren. Den tatsächlich *messbaren Abstand* können wir aber direkt aus der Schwarzschild-Metrik in Gl. (7.64) bestimmen. Für ein festes t, d. h. $dt = 0$, ergibt sich der Abstand Δs in

radialer Richtung, d. h. $d\theta = d\varphi = 0$, zwischen den Punkten $r_1 > r_S$ und $r_2 \geq r_1$
zu

$$\Delta s = \int_{r_1}^{r_2} \sqrt{|g_{11}(r)|}\, dr$$

$$= \int_{r_1}^{r_2} \frac{1}{\sqrt{1 - r_S/r}}\, dr > r_2 - r_1. \tag{7.70}$$

Der messbare Abstand ist also stets größer als die Differenz der radialen Koordinaten. Mit Gl. (7.70) lässt sich der Abstand zum Ereignishorizont als Funktion der
radialen Koordinate berechnen zu

$$\Delta s = r_S \sqrt{\frac{r}{r_S}\left(\frac{r}{r_S} - 1\right)} + \frac{r_S}{2} \ln\left(\frac{2r}{r_S} - 1 + 2\sqrt{\frac{r}{r_S}\left(\frac{r}{r_S} - 1\right)}\right). \tag{7.71}$$

Das Diagramm in Abb. 7.2 veranschaulicht den Zusammenhang des messbaren
Abstands in Abhängigkeit von der radialen Koordinate. Hierbei wurde auf den
Schwarzschild-Radius r_S normiert.

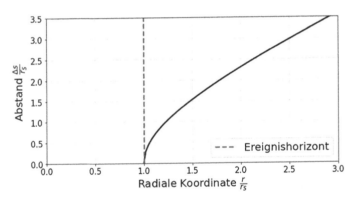

Abbildung 7.2 Messbarer Abstand Δs zum Ereignishorizont bei r_S eines schwarzen Lochs
in Abhängigkeit von der radialen Koordinate r. Eigene Darstellung mittels Python (angelehnt
an [Bob16, S. 227])

7.5   Effekte der ART

„Denk Dir meine Freude bei der Durchführbarkeit der allgemeinen Kovarianz und beim Resultat, dass die Gleichungen die Perihelbewegungen Merkurs richtig liefern. Ich war einige Tage fassungslos vor freudiger Erregung." (Einstein, 1916 an Paul Ehrenfest)[26]

Wie bereits angeklungen, haben wir mit der Schwarzschild-Metrik ein Modell für das Gravitationsfeld der Sonne gefunden. Es gab daher eine große Zahl an Experimenten, die kurz nach der Entdeckung der Einstein'schen Feldgleichungen verschiedene allgemeinrelativistische Effekte in unserem Sonnensystem überprüfen sollten. Tatsächlich fand man in den Experimenten noch zu Einsteins Lebzeiten eine eindrucksvolle Bestätigung der ART. Dabei wenden wir uns zunächst der gravitativen Rotverschiebung zu. Um weitere experimentelle Vorhersagen treffen zu können, leiten wir anschließend mithilfe der Schwarzschild-Metrik die Bewegungsgleichung im Gravitationsfeld der Sonne her. Wir werden sehen, wie diese zu einer Periheldrehung der Planeten führt und die Lichtablenkung an massereichen Sternen erklärt.

7.5.1   Rotverschiebung

Der metrische Tensor der Schwarzschild-Metrik

$$(g_{\mu\nu}) = \text{diag}\left(1 - r_S/r, -\frac{1}{1 - r_S/r}, -r^2, -r^2\sin^2(\theta)\right) \qquad (7.72)$$

ist offensichtlich unabhängig von der Koordinate $x^0 = ct$. In der Literatur wird die Koordinatenzeit t in der Schwarzschild-Metrik daher auch als *Weltzeit* bezeichnet.[27] Aus dem Wegelement in Gl. (7.64) lässt sich nun eine Beziehung zwischen der Weltzeit und der von einem Beobachter tatsächlich gemessenen Eigenzeit τ herstellen, der in einem festen Punkt im Gravitationsfeld ruht. Für diesen Beobachter gilt $dx^i = 0$ für $i = 1, 2, 3$. Mit Gl. (3.75) ergibt sich dann

$$ds^2 = c^2 d\tau^2 = g_{00}c^2 dt^2 \implies d\tau(r) = \sqrt{g_{00}(r)}\, dt = \sqrt{1 - \frac{r_S}{r}}\, dt. \qquad (7.73)$$

---

[26] Entnommen aus [Str88, S. 194].
[27] Siehe [Ryd09, S. 154].

Mit Gl. (7.73) stellt man fest, dass für einen weit entfernten Beobachter, d. h. $r \to \infty$, die Weltzeit mit dessen Eigenzeit übereinstimmt. Für einen Beobachter im Gravitationsfeld vergeht die Zeit jedoch langsamer als für einen weit entfernten Beobachter, denn wegen $0 < g_{00}(r) < 1$ folgt $d\tau(r) = \sqrt{g_{00}(r)}\, dt < dt$. Es wird außerdem deutlich, dass in verschiedenen Punkten die Eigenzeit unterschiedlich mit der Weltzeit t zusammenhängt. Je näher wir der felderzeugenden Masse sind, desto langsamer vergeht die Zeit, denn wir erhalten $d\tau(r_1) < d\tau(r_2)$ für $r_1 < r_2$.[28] Als direkte Konsequenz ergibt sich daraus, dass sich die Frequenz von Signalen zwischen verschiedenen Raumpunkten ändern muss. Diesen Effekt wollen wir im Folgenden diskutieren und eine Formel für die Frequenzänderung herleiten.

Betrachten wir ein Lichtsignal, das am Ort r_1 mit der Frequenz ν_1 nach außen emittiert wird und am Ort $r_2 > r_1$ empfangen wird. Am Ort r_1 werden in einem Zeitraum Δt bezüglich der Weltzeit in regelmäßigen Abständen N Wellenberge ausgesendet. Für diesen Vorgang misst man dort die Eigenzeit

$$\Delta\tau_1 = \int_t^{t+\Delta t} \sqrt{g_{00}(r_1)}\, dt = \sqrt{g_{00}(r_1)}\, \Delta t. \qquad (7.74)$$

Für den Sender erhalten wir also, bezogen auf die Eigenzeit $\Delta\tau_1$, die Frequenz

$$\nu_1 = \frac{N}{\Delta\tau_1} = \frac{N}{\sqrt{g_{00}(r_1)}\, \Delta t}. \qquad (7.75)$$

Die Wellenberge breiten sich bezüglich der Weltzeit überall mit derselben Geschwindigkeit aus, sodass auch für den Empfänger am Ort r_2 die N Wellenberge in der Zeit Δt registriert werden. Daher ergibt sich für den Empfänger die Eigenzeit $\Delta\tau_2 = \sqrt{g_{00}(r_2)}\, \Delta t$ und für die Frequenz

---

[28] An dieser Stelle ist ein kurzer Kommentar über die Bedeutung der Lichtgeschwindigkeit c angebracht. Es lässt sich zeigen, dass die Lichtgeschwindigkeit im Gravitationsfeld aus der Sicht eines weit entfernten Beobachters einen geringeren Wert als c annimmt. Siehe hierzu z. B. [Bob16, S. 250]. Ein Lichtstrahl erfährt aus diesem Grund eine Laufzeitverzögerung beim Durchqueren des Gravitationsfelds (siehe [Bob16, S. 252 f.]). Es ist jedoch wichtig zu präzisieren, dass man sich bei dieser Aussage auf eine *globale* Messung der Laufzeit des Lichts bezieht. Daher stellt diese Erkenntnis keinen Widerspruch zur postulierten Konstanz der Lichtgeschwindigkeit dar, denn *lokal* misst jeder Beobachter in seinem Lokalen IS den Wert c.

$$\nu_2 = \frac{N}{\Delta \tau_2} = \frac{N}{\sqrt{g_{00}(r_2)}\,\Delta t} \overset{(7.75)}{=} \sqrt{\frac{g_{00}(r_1)}{g_{00}(r_2)}}\,\nu_1 < \nu_1. \tag{7.76}$$

Der Empfänger misst demnach eine geringere Frequenz, wodurch das Signal bei ihm *rotverschoben* ankommt. Für das Frequenzverhältnis ν_2/ν_1 berechnen wir:

$$\frac{\nu_2}{\nu_1} = \sqrt{\frac{g_{00}(r_1)}{g_{00}(r_2)}} = \sqrt{\frac{1-(r_S/r_1)}{1-(r_S/r_2)}} = \left(\sqrt{1-\frac{r_S}{2r_1}}\right) \cdot \left(\sqrt{1-\frac{r_S}{2r_2}}\right)^{-1}$$

$$\approx \left(1-\frac{r_S}{r_1}\right) \cdot \left(1+\frac{r_S}{r_2}\right) \approx 1 + \frac{r_S}{2}\left(\frac{1}{r_2} - \frac{1}{r_1}\right). \tag{7.77}$$

Dabei haben wir in der ersten Approximation die beiden Produkte durch die Taylor-reihe $\sqrt{1-x} = 1 - \frac{x}{2} + \mathcal{O}(x^2)$ und $(\sqrt{1-x})^{-1} = 1 + \frac{x}{2} + \mathcal{O}(x^2)$ linear genähert. In der zweiten Näherung haben wir den gemischten Term vernachlässigt. Setzen wir nun $\nu_2 = \nu_1 + \Delta\nu$, wobei $\Delta\nu$ die Frequenzänderung beschreibt, ergibt sich für das Frequenzverhältnis:

$$\frac{\nu_2}{\nu_1} = \frac{\nu_1 + \Delta\nu}{\nu_1} = 1 + \frac{\Delta\nu}{\nu_1}. \tag{7.78}$$

Durch einen Vergleich mit Gl. (7.77) erhalten wir schließlich

$$\frac{\Delta\nu}{\nu_1} = \frac{r_S}{2}\left(\frac{1}{r_2} - \frac{1}{r_1}\right). \tag{7.79}$$

Um die Größe des Effekts zu veranschaulichen, berechnen wir die Rotverschiebung des Lichts, das von der Sonne ausgestrahlt wird und auf der Erdoberfläche ankommt. Dazu sei $r_1 = R_\odot = 6,96 \cdot 10^5$ km und r_2 der Abstand zur Erdoberfläche, der in guter Näherung dem Abstand Erde-Sonne entspricht, d. h. $r_2 = 1,5 \cdot 10^8$ km. Wegen $r_2 \gg r_1$ nähern wir die relative Frequenzverschiebung durch

$$\frac{\Delta\nu}{\nu_1} \approx -\frac{r_{S,\odot}}{2R_\odot} = -\frac{2,95\,\text{km}}{2 \cdot 6,96 \cdot 10^5\,\text{km}} = -2,1 \cdot 10^{-6}. \tag{7.80}$$

Wie man sieht, handelt es sich bei der gravitativen Rotverschiebung um einen sehr kleinen Effekt. Hinzu kommt, dass er wegen der Verbreiterung der Spektrallinien durch hohe Temperaturen und des Doppler-Effekts nur schwer messbar ist. Für präzisere Experimente sah man daher von astronomischen Messungen ab und versuchte, die gravitative Frequenzverschiebung auf der Erde zu messen. Dies gelang erstmals

Robert Pound und Glen Rebka im Jahr 1960. Mithilfe des Mößbauer-Effekts[29]
wiesen die Physiker die Frequenzverschiebung der Strahlung einer Gammaquelle
nach. Der Höhenunterschied im Gravitationsfeld der Erde betrug dabei lediglich
$h = 22, 5$ m. Dennoch bestätigte das Ergebnis den Effekt der Frequenzverschiebung mit erstaunlicher Genauigkeit. Um das zu sehen, setzen wir in die gefundene
Formel in Gl. (7.76) den 00-Koeffizient des metrischen Tensors

$$g_{00} = 1 + \frac{2\Phi}{c^2} \qquad (7.81)$$

aus der Newton'schen Näherung (Gl. (7.30)) ein. Mit analogen Rechnungen wie in
Gl. (7.77) erhalten wir das genäherte Frequenzverhältnis

$$\frac{\nu_2}{\nu_1} = 1 + \frac{1}{c^2}(\Phi(r_1) - \Phi(r_2)). \qquad (7.82)$$

Die relative Frequenzabweichung wird dann zu

$$\frac{\Delta\nu}{\nu_1} = \frac{1}{c^2}(\Phi(r_1) - \Phi(r_2)). \qquad (7.83)$$

In diese Formel setzen wir nun das Newton'sche Gravitationspotential $\Phi(r) =
-GM_\oplus/r$ ein und erhalten für $r_1 = R_\oplus$ und $r_2 = R_\oplus + h$:

$$\frac{\Delta\nu}{\nu_1} = \frac{1}{c^2}(\Phi(r_1) - \Phi(r_2)) = \frac{GM_\oplus}{c^2}\left(\frac{1}{R_\oplus + h} - \frac{1}{R_\oplus}\right) \approx \frac{-GM_\oplus h}{c^2 R_\oplus^2}, \qquad (7.84)$$

wobei $M_\oplus$ die Masse und $R_\oplus$ der Radius der Erde sind. Im letzten Schritt ist $h \ll R_\oplus$
eingegangen. Mit der Erdbeschleunigung $g = GM_\oplus/R_\oplus^2$ ergibt sich die Frequenzverschiebung

$$\frac{\Delta\nu}{\nu_1} = \frac{-GM_\oplus h}{c^2 R_\oplus^2} = \frac{-g \cdot h}{c^2} = \frac{-9,81 \frac{m}{s^2} \cdot 22,6\,m}{c^2} = -2,46 \cdot 10^{-15}, \qquad (7.85)$$

---

[29] Benannt nach dem deutschen Physiker Rudolf Mößbauer (1929–2011).

welche mit dem experimentellen Ergebnis

$$\left(\frac{\Delta \nu}{\nu_1}\right)_{\exp} = -(2,57 \pm 0,26) \cdot 10^{-15} \tag{7.86}$$

von Pound und Rebka übereinstimmt.[30]

Ein weiteres Beispiel, welches die Relevanz der Frequenzverschiebung für den Alltag deutlich macht, ist das GPS (*Global Positioning System*). Bei der exakten Positionsbestimmung, insbesondere für Navigationsgeräte, müssen relativistische Effekte berücksichtigt werden. Wir berechnen zunächst, wie groß die Abweichung zwischen einer Uhr auf der Erde und einer Satellitenuhr infolge der gravitativen Frequenzverschiebung ist. Dazu setzen wir den Abstand $r_1 = R_\oplus$ und den Radius der Bahn eines GPS-Satelliten $r_2 = r_{\text{Sat}} = 26\,561,8\,\text{km}$ in Gl. (7.82) ein.[31] Mit $M_\oplus = 5,97 \cdot 10^{24}\,\text{kg}$ und $R_\oplus = 6378\,\text{km}$ erhalten wir

$$\frac{\nu_2}{\nu_1} = 1 + \frac{GM_\oplus}{c^2}\left(\frac{1}{r_{\text{Sat}}} - \frac{1}{R_\oplus}\right) = 1 - 5,28 \cdot 10^{-10}. \tag{7.87}$$

Es gilt also $\nu_2 < \nu_1$. Während nun der Beobachter auf der Erde die Eigenzeit $\Delta\tau_1 = 1/\nu_1$ zwischen zwei Ereignissen misst, vergeht im Satellit zwischen diesen beiden Ereignissen die Eigenzeit $\Delta\tau_2 = 1/\nu_2$. Das führt mit Gl. (7.87) zu

$$\frac{\Delta\tau_2}{\Delta\tau_1} = 1 + 5,28 \cdot 10^{-10} \tag{7.88}$$

mit $\Delta\tau_2 > \Delta\tau_1$. Die Zeit im Satelliten vergeht damit schneller als die Zeit für einen Beobachter auf der Erde. Vergleichen wir dieses Ergebnis nun mit der speziell-relativistischen Zeitdilatation, die infolge der Bewegung des Satelliten berücksichtigt werden muss. GPS-Satelliten bewegen sich auf ihrer Bahn mit einer Durchschnittsgeschwindigkeit von $v_{\text{Sat}} = 3874\,\text{m/s}$.[32] Angenommen, wir messen im Ruhesystem der Erde die Zeitdifferenz $\Delta\tau_1$. Dann wird infolge der speziell-relativistischen Zeitdilatation im Satellit, der sich mit v_{Sat} bewegt, eine Zeitdifferenz $\Delta\tau_2 < \Delta\tau_1$ gemessen, denn nach Gl. (3.74) gilt:

---

[30] Der experimentelle Wert ist Ryder [Ryd09, S. 157] entnommen. Zu beachten ist, dass dort die Frequenzverschiebung mit einem positiven Vorzeichen notiert wird, weil Ryder im Gravitationsfeld der Erde fallende Gammaquanten betrachtet werden. Es kommt dann zu dem umgekehrten Effekt der Blauverschiebung.

[31] Satelliten kreisen in Ellipsen um die Erde. Der Abstand r_{Sat} entspricht dem Wert der großen Halbachse der Satellitenbahn und ist [Heć13, S. 201] entnommen.

[32] Der Wert ist [Heć13, S. 201] entnommen.

$$\frac{\Delta\tau_2}{\Delta\tau_1} = \sqrt{1 - \frac{v_{\text{Sat}}^2}{c^2}} = 1 - 0,84 \cdot 10^{-10}. \tag{7.89}$$

Die Zeit im Satelliten vergeht also langsamer. Wir sehen im Vergleich mit Gl. (7.88), dass die beiden Effekte unterschiedliche Vorzeichen haben und der Anteil der Abweichung aus der ART deutlich größer ist. Berücksichtigen wir daher beide Effekte, vergeht die Zeit im Satelliten insgesamt um den Faktor $4,44 \cdot 10^{-10}$ schneller als auf der Erde.[33] Bei vorgegebener Messdauer T würde dies einen Fehler von $4,44 \cdot 10^{-10} \cdot T$ in der Zeitmessung nach sich ziehen. Bereits in einer Minute ($T = 60\,\text{s}$) ergäbe sich dann ein Fehler von

$$\Delta s = c \cdot 4,44 \cdot 10^{-10} \cdot 60\,\text{s} \approx 8\,\text{m} \tag{7.90}$$

in der Längenbestimmung. Wir sehen, dass ohne die Berücksichtigung der relativistischen Effekte eine exakte Positionsbestimmung nicht möglich wäre.

Abschließend ist noch zu erwähnen, dass Einstein den Effekt der Rotverschiebung schon im Jahr 1907, also vor der Entwicklung der ART, vorhersagte.[34] Das zeigt, dass der experimentelle Nachweis des Effekts nicht als Bestätigung der Einstein'schen Feldgleichungen verstanden werden darf, sondern im Grunde auf dem Äquivalenzprinzip basiert. In den nächsten Abschnitten wenden wir uns den anderen beiden Effekten der Periheldrehung und der Lichtablenkung zu, die kurz nach der Veröffentlichung der ART durch die Einstein'schen Feldgleichungen erklärt werden konnten.

7.5.2 Bewegungsgleichung im Gravitationsfeld

Die Bewegungsgleichungen erhalten wir durch die Geodätengleichung eines massiven Probekörpers, z. B. eines Planeten, im Feld einer kugelsymmetrischen Massenverteilung, z. B. der Sonne. Natürlich bewirkt jeder Planet selbst eine Veränderung der Schwarzschild-Metrik. Im Vergleich zur Sonne ist diese aber gering und kann daher vernachlässigt werden. Wie im letzten Abschnitt verwenden wir die Koordinaten $(x^0, x^1, x^2, x^3) = (ct, r, \theta, \varphi)$. Für die Geodätengleichung wählen wir eine nach der Eigenzeit τ parametrisierte Bahn des Probekörpers. Damit ist $\dot{x}^\mu = \frac{dx^\mu}{d\tau}$ und die Geodätengleichung lautet nach Gl. (6.56):

---

[33] Das berechnete Ergebnis stimmt mit der Angabe in [Heć13, S. 200] überein.
[34] Siehe [Ein08, S. 458 f].

$$\ddot{x}^\kappa + \Gamma^\kappa_{\mu\nu}\dot{x}^\mu \dot{x}^\nu = 0. \tag{7.91}$$

Wir suchen nun eine Gleichung für jede einzelne Koordinate. Dazu multiplizieren wir Gl. (7.91) mit $g_{\lambda\kappa}$ und erhalten

$$g_{\lambda\kappa}\ddot{x}^\kappa + g_{\lambda\kappa}\Gamma^\kappa_{\mu\nu}\dot{x}^\mu \dot{x}^\nu = 0. \tag{7.92}$$

Da die Schwarzschild-Metrik

$$(g_{\mu\nu}) = \text{diag}\left(1 - r_S/r, -\frac{1}{1 - r_S/r}, -r^2, -r^2 \sin^2(\theta)\right) \tag{7.93}$$

diagonal ist, reduziert sich Gl. (7.92) für ein *festes* λ auf

$$g_{\lambda\lambda}\ddot{x}^\lambda + g_{\lambda\lambda}\Gamma^\lambda_{\mu\nu}\dot{x}^\mu \dot{x}^\nu = 0. \tag{7.94}$$

Für den zweiten Term auf der linken Seite berechnen wir mit Gl. (6.37):

$$g_{\lambda\lambda}\Gamma^\lambda_{\mu\nu}\dot{x}^\mu \dot{x}^\nu = \underbrace{g_{\lambda\lambda}g^{\lambda\rho}}_{\delta^\rho_\lambda} \frac{1}{2}(g_{\nu\rho,\mu} + g_{\mu\rho,\nu} - g_{\mu\nu,\rho})\dot{x}^\mu \dot{x}^\nu$$

$$= \frac{1}{2}(g_{\nu\lambda,\mu} + g_{\mu\lambda,\nu} - g_{\mu\nu,\lambda})\dot{x}^\mu \dot{x}^\nu$$

$$= \frac{1}{2}g_{\lambda\lambda,\mu}\dot{x}^\mu \dot{x}^\lambda + \frac{1}{2}g_{\lambda\lambda,\nu}\dot{x}^\lambda \dot{x}^\nu - \frac{1}{2}g_{\mu\nu,\lambda}\dot{x}^\mu \dot{x}^\nu$$

$$= g_{\lambda\lambda,\mu}\dot{x}^\mu \dot{x}^\lambda - \frac{1}{2}g_{\mu\nu,\lambda}\dot{x}^\mu \dot{x}^\nu$$

$$= \left(\frac{d}{d\tau}g_{\lambda\lambda}\right)\dot{x}^\lambda - \frac{1}{2}g_{\mu\nu,\lambda}\dot{x}^\mu \dot{x}^\nu. \tag{7.95}$$

In der ersten Zeile der Rechnung handelt es sich bei $g_{\lambda\lambda}g^{\lambda\rho} = \delta^\rho_\lambda$ um einen Sonderfall der Gl. (5.71), da die Schwarzschild-Metrik diagonal ist. Im vorletzten Schritt haben wir die ersten beiden Summanden zusammengefasst, woraufhin wir nach Anwendung der Kettenregel die letzte Zeile erhalten haben. Nach Einsetzen von Gl. (7.95) in Gl. (7.94) ergibt sich

$$g_{\lambda\lambda}\ddot{x}^\lambda + \left(\frac{d}{d\tau}g_{\lambda\lambda}\right)\dot{x}^\lambda = \frac{1}{2}g_{\mu\nu,\lambda}\dot{x}^\mu \dot{x}^\nu. \tag{7.96}$$

Hier wenden wir auf der linken Seite die Produktregel an und erhalten

$$\frac{d}{d\tau}\left(g_{\lambda\lambda}\frac{dx^\lambda}{d\tau}\right) = \frac{1}{2} g_{\mu\nu,\lambda}\frac{dx^\mu}{d\tau}\frac{dx^\nu}{d\tau} \quad \text{für} \quad \lambda = 0, 1, 2, 3. \tag{7.97}$$

Diese Gleichung beschreibt die Bahnen des freien Falls eines Probekörpers für jede einzelne Koordinate. Für $\lambda = 0$ mit $x^0 = ct$ und $\lambda = 3$ mit $x^3 = \varphi$ fällt die rechte Seite der Gleichung weg, da die metrischen Koeffizienten nicht von t oder φ abhängen (siehe Gl. (7.93)). Es folgt

$$\frac{d}{d\tau}\left(g_{00}\frac{dx^0}{d\tau}\right) = \frac{d}{d\tau}\left[\left(1 - \frac{r_S}{r}\right)c\,\dot{t}\right] = 0 \quad \Longrightarrow \quad \left(1 - \frac{r_S}{r}\right)c\,\dot{t} =: E = \text{const.} \tag{7.98}$$

und

$$\frac{d}{d\tau}\left(g_{33}\frac{dx^3}{d\tau}\right) = \frac{d}{d\tau}\left(-r^2\sin^2(\theta)\,\dot{\varphi}\right) = 0 \quad \Longrightarrow \quad r^2\sin^2(\theta)\,\dot{\varphi} =: \sin^2(\theta)\,L = \text{const.} \tag{7.99}$$

Für $\lambda = 2$ mit $x^2 = \theta$ ergibt sich mit Gl. (7.97):

$$\frac{d}{d\tau}\left(g_{22}\frac{dx^2}{d\tau}\right) = \frac{1}{2} g_{\mu\nu,2}\,\dot{x}^\mu\dot{x}^\nu = \frac{1}{2} g_{33,2}\,(\dot{x}^3)^2 = -r^2\sin(\theta)\cos(\theta)\,\dot{\varphi}^2. \tag{7.100}$$

Wir berechnen außerdem:

$$\frac{d}{d\tau}\left(g_{22}\frac{dx^2}{d\tau}\right) = \frac{d}{d\tau}\left(-r^2\dot{\theta}\right) = -(2r\dot{r}\dot{\theta} + r^2\ddot{\theta}). \tag{7.101}$$

Mit $r \neq 0$ ergibt sich mit Gl. (7.100) und Gl. (7.101) die Differentialgleichung

$$\ddot{\theta} + \frac{2}{r}\dot{r}\dot{\theta} - \sin(\theta)\cos(\theta)\,\dot{\varphi}^2 = 0. \tag{7.102}$$

Ähnlich wie in Beispiel 6.17 wird diese Gleichung durch $\theta = \pi/2$ mit $\dot{\theta} = 0$ gelöst. Wir nehmen also an, dass die Bahn des Planeten für alle Zeiten in der Äquatorialebene liegt.[35] Wegen $\sin^2(\pi/2) = 1$ ergibt sich dann $L = r^2\dot{\varphi}$. Die beiden Konstanten E und L beschreiben physikalisch interpretiert die Bewegung des

---

[35] Wegen der Kugelsymmetrie lässt sich das Ergebnis der nachfolgenden Rechnungen auch auf Bahnen in anderen Ebenen, die den räumlichen Ursprung enthalten, verallgemeinern.

Planeten. Dabei lässt sich die Konstante L als Drehimpuls pro Masseneinheit auffassen. An die Stelle der Konstanten E tritt in der nicht-relativistischen Behandlung die Energie.[36] Im letzten Schritt untersuchen wir noch die Radialkoordinate $x^1 = r$. Für $\lambda = 1$ ergibt sich die linke Seite der Differentialgleichung (7.97) zu

$$\frac{d}{d\tau}\left(g_{22}\frac{dx^2}{d\tau}\right) = \frac{d}{d\tau}\left(-\frac{1}{1-r_S/r}\dot{r}\right) = -\frac{1}{1-r_S/r}\ddot{r} + \frac{r_S/r^2}{(1-r_S/r)^2}\dot{r}^2.$$

(7.103)

Unter der Annahme, dass $\theta = \pi/2$ und $\dot\theta = 0$ ist, erhalten wir für die rechte Seite von Gl. (7.97):

$$\begin{aligned}
\frac{1}{2}g_{\mu\nu,1}\dot{x}^\mu\dot{x}^\nu &= \frac{1}{2}\left(g_{00,1}c^2\dot{t}^2 + g_{11,1}\dot{r}^2 + g_{22,1}\dot\varphi^2\right) \\
&= \frac{r_S}{2r^2}c^2\dot{t}^2 + \frac{r_S}{2(r-r_S)^2}\dot{r}^2 - r\dot\varphi^2 \\
&= \frac{r_S}{2r^2}c^2\dot{t}^2 + \frac{r_S/r^2}{2(1-r_S/r)^2}\dot{r}^2 - r\dot\varphi^2 \\
&= \frac{r_S}{2r^2}\frac{E^2}{(1-r_S/r)^2} + \frac{r_S}{2r^2}\frac{\dot{r}^2}{(1-r_S/r)^2} - \frac{L^2}{r^3}.
\end{aligned}$$

(7.104)

Gleichsetzen der beiden Gleichungen (7.103) und (7.104) liefert

$$-\frac{1}{1-r_S/r}\ddot{r} + \frac{r_S/r^2}{(1-r_S/r)^2}\dot{r}^2 = \frac{r_S}{2r^2}\frac{E^2}{(1-r_S/r)^2} + \frac{r_S/r^2}{2(1-r_S/r)^2}\dot{r}^2 - \frac{L^2}{r^3}.$$

Nachdem wir die Terme zusammengefasst haben, multiplizieren wir die Gleichung mit $2\dot{r}$ und erhalten nach Umstellen der Terme:

$$-\frac{r_S}{r^2}\frac{E^2}{(1-r_S/r)^2}\dot{r} - \frac{2\ddot{r}\dot{r}}{1-r_S/r} + \frac{r_S/r^2}{(1-r_S/r)^2}\dot{r}^3 + \frac{2L^2}{r^3}\dot{r} = 0$$

(7.105)

$$\Longleftrightarrow \frac{d}{d\tau}\left(\frac{E^2}{1-r_S/r} - \frac{\dot{r}^2}{1-r_S/r} - \frac{L^2}{r^2}\right) = 0.$$

(7.106)

---

[36] Das nicht-relativistische Analogon dieser Rechnungen stellt das Kepler-Problem dar. Im Abschnitt *7.5.3 Periheldrehung* kommen wir auf dieses nochmals zurück.

Dabei haben wir festgestellt, dass auf der linken Seite von Gl. (7.105) gerade die Ableitung nach τ der geklammerten Terme in Gl. (7.106) steht. Wir können nun integrieren und erhalten:

$$\frac{E^2}{1 - r_S/r} - \frac{\dot{r}^2}{1 - r_S/r} - \frac{L^2}{r^2} = K = \text{const.} \tag{7.107}$$

Die Integrationskonstante lässt sich bestimmen, indem wir feststellen, dass

$$g_{\mu\nu}\dot{x}^\mu \dot{x}^\nu = \left(1 - \frac{r_S}{r}\right)c^2 \dot{t}^2 - \frac{\dot{r}^2}{1 - r_S/r} - r^2 \dot{\varphi}^2 \tag{7.108}$$

mit $E^2 = (1 - r_S/r)^2 c^2 \dot{t}^2$ und $L = r^2 \dot{\varphi}$ gerade der linken Seite von Gl. (7.107) entspricht. Die Verallgemeinerung von Gl. (3.79) lautet in der ART

$$g_{\mu\nu}\dot{x}^\mu \dot{x}^\nu = c^2, \tag{7.109}$$

wodurch sich die Konstante zu $K = c^2$ bestimmen lässt. Durch die Äquivalenzumformungen

$$\frac{E^2}{1 - r_S/r} - \frac{\dot{r}^2}{1 - r_S/r} - \frac{L^2}{r^2} = c^2 \tag{7.110}$$

$$\Longleftrightarrow \quad E^2 - \dot{r}^2 - \frac{L^2}{r^2}\left(1 - \frac{r_S}{r}\right) = c^2\left(1 - \frac{r_S}{r}\right) \tag{7.111}$$

$$\Longleftrightarrow \quad \dot{r}^2 + \left(1 - \frac{r_S}{r}\right)\left(c^2 + \frac{L^2}{r^2}\right) = E^2 \tag{7.112}$$

erhalten wir schließlich die Bewegungsgleichung für die Radialkomponente:

$$\dot{r}^2 + V(r) = E^2, \quad \text{mit} \quad V(r) = \left(1 - \frac{r_S}{r}\right)\left(c^2 + \frac{L^2}{r^2}\right). \tag{7.113}$$

Um zu erkennen, wie diese Bewegungsgleichung mit den Gesetzen der Planetenbewegung in der Newton'schen Gravitationstheorie zusammenhängt, führen wir die reziproke Funktion $u := 1/r$ ein. Außerdem löst man die Bewegungsgleichung für die Planetenbewegung in der klassischen Mechanik für den Radius als Funktion des Winkels φ. Aus diesem Blickwinkel wollen wir auch unsere hergeleitete Bewe-

gungsgleichung betrachten. Mit den folgenden Bezeichnungen und der Kettenregel
gilt:

$$r = r(\varphi), \quad r' = \frac{dr}{d\varphi}, \quad \dot{r} = \frac{dr}{d\varphi}\dot{\varphi} = r'\dot{\varphi} = \frac{r'L}{r^2}, \tag{7.114}$$

$$u(\varphi) = \frac{1}{r(\varphi)}, \quad u' = \frac{du}{d\varphi} = -\frac{1}{r^2}r'. \tag{7.115}$$

Diese Beziehungen setzen wir in die Bewegungsgleichung ein und erhalten

$$u'^2 L^2 + (1 - r_S u)(c^2 + L^2 u^2) = E^2. \tag{7.116}$$

Dividieren wir durch L^2, ergibt sich nach Umstellen der Terme:

$$u'^2 + u^2 = \frac{E^2 - c^2}{L^2} + \frac{r_S c^2}{L^2}u + r_S u^3. \tag{7.117}$$

Schließlich leiten wir noch nach φ ab:

$$2u'u'' + 2uu' = \frac{r_S c^2}{L^2}u' + 3r_S u^2 u'. \tag{7.118}$$

Diese Gleichung führt auf die Lösung $u' = 0$, welche zu einer Kreisbahn gehört
und die wir daher ausschließen wollen – wie wir wissen, bewegen sich die Planeten
nach Kepler auf Ellipsen. Wir erhalten daher die andere Lösung

$$u'' + u - \frac{r_S c^2}{2L^2} = \frac{3}{2}r_S u^2, \tag{7.119}$$

welche wir im nächsten Abschnitt mit der klassischen Lösung vergleichen.

7.5.3 Periheldrehung

Das klassische Kepler-Problem für die Planetenbewegung führt auf die Bewegungsgleichung

$$u'' + u - \frac{r_S\, c^2}{2L^2} = 0. \tag{7.120}$$

Hierbei bezeichnet analog zum vorherigen Abschnitt u den reziproken Radius als Funktion von φ. Gelöst wird diese Differentialgleichung bekanntlich durch die Kegelschnitte[37]:

$$u_0(\varphi) = \frac{r_S\, c^2}{2L^2}(1 + \epsilon \cos(\varphi)). \tag{7.121}$$

Hierbei beschreibt die Konstante ϵ im Fall $0 < \epsilon < 1$ die Exzentrizität einer Ellipse und die Polarkoordinaten sind so gewählt, dass bei $\varphi = 0$ der sonnennächste Punkt liegt, d. h. das Perihel. Ein Vergleich von Gl. (7.120) mit der Bewegungsgleichung (7.119), die wir in der ART gefunden haben, macht deutlich, dass in letzterer Gleichung ein Störterm hinzukommt. Diesen bezeichnen wir durch

$$A_\delta(u) = \frac{3}{2} r_S\, u^2. \tag{7.122}$$

Wegen $r_S \ll r_{min}$, wobei r_{min} die Periheldistanz ist, wird der Wert $A_\delta(u)$ für die Planeten unseres Sonnensystems sehr klein. Wir können daher die Änderung der Planetenbahn bestimmen, indem wir zur ursprünglichen Newton'schen Lösung $u_0(\varphi)$ in Gl. (7.121) einen kleinen Korrekturterm $\delta = \delta(\varphi)$ addieren. Damit lautet unser Ansatz für die Lösung der Differentialgleichung (7.119):

$$u(\varphi) = u_0(\varphi) + \delta(\varphi). \tag{7.123}$$

Den Lösungsansatz setzen wir in die DGL (7.119) ein und erhalten

$$(u_0 + \delta)'' + (u_0 + \delta) - \frac{r_S\, c^2}{2L^2} = u_0'' + \delta'' + u_0 + \delta - \frac{r_S\, c^2}{2L^2} \tag{7.124}$$

$$= \delta'' + \delta = A_\delta(u_0 + \delta). \tag{7.125}$$

Dabei haben wir im letzten Schritt ausgenutzt, dass u_0 die DGL (7.120) erfüllt. Da es sich bei δ um einen kleinen Korrekturterm handelt, machen wir die Approximation $A_\delta(u_0 + \delta) \approx A_\delta(u_0)$ und erhalten die genäherte DGL

---

[37] In [Sch07, S. 13 ff] wird die Bewegungsgleichung über die Energie- und Drehimpulserhaltung hergeleitet und deren Lösung ausführlich behandelt. Eine andere Herleitung der Differentialgleichung (7.120) über die Euler-Lagrange-Gleichung ist in [Sch02, S. 113 f] zu finden.

$$\delta'' + \delta \approx \frac{3}{2} r_S u_0{}^2 = \frac{3\,r_S^3\,c^4}{8L^4}(1 + \epsilon \cos(\varphi))^2$$

$$= \frac{3\,r_S^3\,c^4}{8L^4}(1 + 2\epsilon \cos(\varphi)) + \mathcal{O}(\epsilon^2)$$

$$\approx \frac{3\,r_S^3\,c^4}{8L^4}(1 + 2\epsilon \cos(\varphi)). \tag{7.126}$$

Den quadratischen Term der Exzentrizität haben wir vernachlässigt, da dieser für die Planeten sehr klein ist. Für die Lösung der DGL (7.126) fordern wir, wie für die Newton'sche Lösung in Gl. (7.121), dass ihr Ausgangsperihel bei $\varphi = 0$ liegt, d. h. $\delta'(0) = 0$ gilt. Durch Ableiten und Einsetzen verifiziert man, dass

$$\delta(\varphi) = \frac{3\,r_S^3\,c^4}{8L^4}(1 + \epsilon\varphi \sin(\varphi)) \tag{7.127}$$

der DGL (7.126) und den beiden Anfangsbedingungen $\delta'(0) = 0$ und $\delta(0) = 3r_S^3 c^4/(8L^4)$ genügt. Die vollständig zusammengesetzte Lösung der DGL (7.119) lautet dann $u(\varphi) = u_0(\varphi) + \delta(\varphi)$. Wir suchen nun das erste, auf das Ausgangsperihel folgende Perihel. Da das Perihel ein lokales Maximum der Funktion $u(\varphi)$ darstellt, suchen wir die Nullstelle der ersten Ableitung bei $\varphi = 2\pi + \Delta\varphi$. Es gilt

$$\frac{d}{d\varphi}(u_0 + \delta)\Big|_{\varphi = 2\pi + \Delta\varphi} = \frac{d}{d\varphi}\Big(\frac{r_S c^2}{2L^2}(1 + \epsilon \cos(\varphi)) + \frac{3\,r_S^3\,c^4}{8L^4}(1 + \epsilon\varphi \sin(\varphi))\Big)\Big|_{\varphi = 2\pi + \Delta\varphi}$$

$$= \frac{r_S c^2}{2L^2}\,\epsilon\Big(-\sin(\varphi) + \frac{3\,r_S^2\,c^2}{4L^2}(\sin(\varphi) + \varphi \cos(\varphi))\Big)\Big|_{\varphi = 2\pi + \Delta\varphi}$$

$$\overset{!}{=} 0.$$

Daraus folgt

$$0 = -\sin(\Delta\varphi) + \frac{3\,r_S^2\,c^2}{4L^2}\Big(\sin(\Delta\varphi) + (2\pi + \Delta\varphi)\cos(\Delta\varphi)\Big). \tag{7.128}$$

Da $\Delta\varphi \ll 2\pi$, können wir zunächst die Kleinwinkelnäherungen $\sin(\Delta\varphi) \approx \Delta\varphi$ und $\cos(\Delta\varphi) \approx 1$ verwenden. Außerdem können wir durch diese Näherung die auftretenden $\Delta\varphi$-Terme innerhalb der Klammer vernachlässigen. Wir erhalten damit die Abschätzung

$$\Delta\varphi \approx \frac{3\,r_S^2\,c^2}{4L^2}\,2\pi. \tag{7.129}$$

Der Ausdruck $r_S\,c^2/(2L^2)$ steht mit der Periheldistanz r_{min} und der Exzentrizität ϵ nach [Sch02, S. 118][38] wie folgt in Beziehung:

$$\frac{r_S\,c^2}{2L^2} = \frac{1}{r_{min}(1+\epsilon)}.$$ (7.130)

Mit Gl. (7.129) und Gl. (7.130) folgt schließlich

$$\Delta\varphi \approx \frac{3\pi r_S}{r_{min}(1+\epsilon)}.$$ (7.131)

Diese Größe beschreibt die Periheldrehung eines Planeten nach einem Umlauf ($\varphi = 2\pi$). In Abb. 7.3 ist angedeutet, wie das Perihel P_1 nach einer Umdrehung um den Winkel $\Delta\varphi$ vorgerückt ist zum Perihel P_2. Der Planet beschreibt daher eine Rosettenbahn.

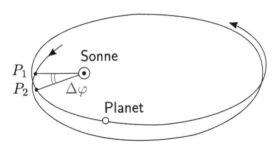

Abbildung 7.3 Infolge der Periheldrehung beschreibt der Planet eine Rosettenbahn. Eigene Darstellung (angelehnt an [Sch02, S. 117])

Da Merkur der sonnennächste Planet in unserem Sonnensystem ist, erhalten wir für ihn auch den im Vergleich zu den anderen Planeten größten Wert für die Periheldrehung. Wir berechnen daher im Folgenden die Periheldrehung des Merkur für ein Erdjahrhundert. Die Umlaufzeit beträgt 87, 969 Tage, sodass sich für die Umdrehungen pro Jahrhundert der Wert

$$N = \frac{100\mathrm{y} \cdot 365\mathrm{d}}{87,969\mathrm{d}} = 414,92$$ (7.132)

---

[38] Zu beachten ist allerdings, dass Schröder in [Sch02, S. 118] andere Bezeichnungen für die Konstanten wählt.

ergibt. Nun setzen wir die astronomischen Daten des Merkur

$$r_{min} = 46 \cdot 10^6 \, \text{km} \quad \text{und} \quad \epsilon = 0,206, \tag{7.133}$$

in Gl. (7.131) ein und erhalten

$$\Delta\varphi_M = N \frac{3\pi \, r_{S,\odot}}{r_{min}(1+\epsilon)} = 414,92 \frac{3\pi \cdot 2,95 \, \text{km}}{46 \cdot 10^6 \, \text{km} \, (1+0,206)} \tag{7.134}$$

$$= 2,08 \cdot 10^{-4} \frac{\text{rad}}{\text{Jahrh.}} = 43'' \cdot \text{Jahrh.}^{-1}. \tag{7.135}$$

Eine Übersicht der Periheldrehung für die anderen Planeten ist in [Sch02, S. 118] zu finden. Dieser Wert konnte in hoher Übereinstimmung experimentell bestätigt werden.

Urbain Le Verrier stellte bereits im Jahr 1859 bei der Auswertung astronomischer Daten fest, dass die Periheldrehung des Merkurs stärker ausfiel als erwartet. Man beobachtete einen Wert von etwa 574 Bogensekunden pro Jahrhundert, wobei davon 531'' auf den Einfluss der anderen Planeten zurückzuführen waren. Die Diskrepanz lag bei etwa 43'' und konnte durch verschiedene Erklärungsversuche, wie z. B. der Vermutung eines weiteren unbekannten Planeten, nicht erklärt werden.[39] Erst mit der Entwicklung der ART war es möglich, die Abweichung zufriedenstellend und mit hoher Übereinstimmung zu begründen. Im Jahr 1915 lieferte Einstein selbst in seinem Werk [Ein15a] eine Erklärung und zeigte, wie die zusätzliche Periheldrehung des Merkur aus der ART folgt. Dieser Erfolg gilt als eine der ersten großen Bestätigungen der ART.

7.5.4 Lichtablenkung

Ein weiterer Effekt, der unmittelbar mit den Erkenntnissen aus den vorherigen beiden Abschnitten *7.5.1 Bewegungsgleichung im Gravitationsfeld* und *7.5.2 Periheldrehung* folgt, ist die Lichtablenkung. Dazu modifizieren wir die obigen Gleichungen, indem wir berücksichtigen, dass die Ausbreitung von Lichtstrahlen entlang von Nullgeodäten erfolgt. In diesem Fall gilt anstelle von Gl. (7.109):

$$g_{\mu\nu}\dot{x}^\mu\dot{x}^\nu = 0. \tag{7.136}$$

---

[39] Siehe [Wil18, S. 166].

Diese Änderung hat das Wegfallen des dritten Terms proportional zu c^2 in der hergeleiteten DGL (7.119) zur Folge. Es verbleibt demnach die folgende DGL, welche die Ausbreitung von Lichtstrahlen beschreibt:

$$u'' + u = \frac{3}{2} r_S u^2. \tag{7.137}$$

Wir lösen zunächst wieder die homogene DGL

$$u'' + u = 0. \tag{7.138}$$

Unter den Anfangsbedingungen $u(\pi/2) = 1/b$ und $u'(\pi/2) = 0$ lautet die Lösung

$$u_0(\varphi) = \frac{1}{b} \sin(\varphi). \tag{7.139}$$

Mit $u = 1/r$ ergibt sich durch Umschreiben der Gl. (7.139)

$$r(\varphi) = \frac{b}{\sin(\varphi)} \tag{7.140}$$

und wir sehen, dass diese Gleichung einer Geraden entspricht, die im Abstand b (bei $\varphi = \pi/2$) zum Ursprung $r = 0$ in den Richtungen $\varphi = 0$ bzw. $\varphi = \pi$ ins Unendliche verläuft (siehe die horizontale gestrichelte Linie in Abb. 7.4). Dies war auch zu erwarten, denn im flachen Raum verlaufen Lichtstrahlen bekanntermaßen geradlinig. Im Falle von Lichtstrahlen, welche die Sonne an ihrem Rand streifen, ist der auftretende Faktor $3 r_S u^2/2$ in der DGL (7.137) wieder sehr klein. Das machen wir uns durch einen Vergleich des Faktors $3 r_S u^2/2$ mit u und die folgende Abschätzung deutlich:

$$\frac{3 r_S u^2}{2u} = \frac{3 r_S}{2r} \le \frac{3 r_{S,\odot}}{2 R_\odot} = \frac{3 \cdot 2,95\,\text{km}}{26,96 \cdot 10^5\,\text{km}} < 10^{-5}. \tag{7.141}$$

Der zusätzliche Faktor $A_\delta(u) = 3 r_S u^2/2$ motiviert wieder den Ansatz $u(\varphi) = u_0(\varphi) + \delta(\varphi)$ mit einem kleinen Korrekturterm $\delta(\varphi)$, welchen wir in Gl. (7.137) einsetzen:

$$(u_0 + \delta)'' + (u_0 + \delta) = u_0'' + \delta'' + u_0 + \delta \tag{7.142}$$

$$= \delta'' + \delta = A_\delta(u_0 + \delta). \tag{7.143}$$

Erneut führen wir die Approximation $A_\delta(u_0 + \delta) \approx A_\delta(u_0)$ durch und erhalten die genäherte DGL für den Korrekturterm $\delta(\varphi)$:

$$\delta'' + \delta \approx \frac{3}{2} r_S(u_0)^2 = \frac{3r_S}{2r_0^2} \sin^2(\varphi). \qquad (7.144)$$

Als Lösung erhalten wir

$$\delta(\varphi) = \frac{r_S}{2b^2} (1 + \cos^2(\varphi)), \qquad (7.145)$$

womit sich die gesamte Lösung notieren lässt zu

$$u(\varphi) = u_0(\varphi) + \delta(\varphi) = \frac{1}{b} \sin(\varphi) + \frac{r_S}{2b^2} (1 + \cos^2(\varphi)). \qquad (7.146)$$

Damit berechnen wir jetzt die Ablenkung eines aus dem Unendlichen ($r \to \infty$) kommenden Lichtstrahls. In diesem Fall erhalten wir $\lim_{r \to \infty} u = 0$ und der Winkel φ_∞ wird im Unendlichen sehr klein. Mit den Kleinwinkelnäherungen $\sin(\varphi_\infty) \approx \varphi_\infty$ und $\cos(\varphi_\infty) \approx 1$ können wir abschätzen:

$$0 \approx \frac{1}{b} \varphi_\infty + \frac{r_S}{b^2} \implies \varphi_\infty \approx -\frac{r_S}{b}. \qquad (7.147)$$

Die gesamte Lichtablenkung zwischen $r \to -\infty$ und $r \to +\infty$ lautet dann:

$$\Delta = 2\varphi_\infty \approx \frac{2r_S}{b}. \qquad (7.148)$$

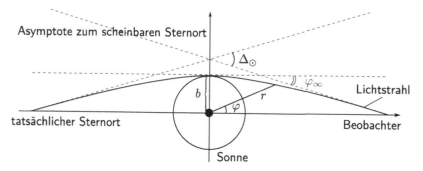

Abbildung 7.4 Lichtablenkung im Gravitationsfeld der Sonne. Eigene Darstellung (angelehnt an [Sch02, S. 121])

Für den bereits oben erwähnten Lichtstrahl, der die Oberfläche der Sonne streift, ergibt sich mit Gl. (7.148) eine Ablenkung von

$$\Delta_\odot \approx \frac{2r_{S,\odot}}{R_\odot} = \frac{2 \cdot 2,95\,\text{km}}{6,96 \cdot 10^5\,\text{km}} \approx 1,7''. \tag{7.149}$$

Einstein selbst zeigte auf Grundlage seiner Feldgleichungen, dass sich für die Ablenkung eines Lichtstrahls an der Sonne ein Wert von $\Delta_\odot = 1,7''$ ergibt.[40] Noch einige Jahre vor der Entwicklung der ART errechnete er hingegen in dem 1911 veröffentlichten Beitrag *„Über den Einfluß der Schwerkraft auf die Ausbreitung des Lichtes"* einen nur halb so großen Wert von $0,83''$.[41] Für seine Berechnungen verwendete er die Resultate aus der SRT und berücksichtigte daher nicht den Einfluss der Raumkrümmung.

Schon damals forderte er die experimentelle Überprüfung der Lichtablenkung:

„Es wäre dringend zu wünschen, dass sich Astronomen der hier aufgerollten Frage annähmen, auch wenn die im vorigen gegebenen Überlegungen ungenügend fundiert oder gar abenteuerlich erscheinen sollten."[42]

Diesem Aufruf folgte anlässlich einer Sonnenfinsternis am 29. Mai 1919 eine Expedition unter der Leitung des Astrophysikers Arthur Stanley Eddington.[43] Da die optische Beobachtung von Sternen nahe des Sonnenrands im hellen Sonnenlicht unmöglich ist, musste man eine Sonnenfinsternis abwarten. Eddington reiste für seine Beobachtungen nach Westafrika und fotografierte dort Sterne in unmittelbarer Nähe zur Sonne. Diese Fotografien verglich er anschließend mit Aufnahmen derselben Sterne, die er einige Monate vorher oder später erstellt hatte. Aus der scheinbaren Positionsänderung der Sterne bestimmte er den Winkel der Lichtablenkung. Mit dieser Vorgehensweise wollte er Einsteins Ergebnisse bestätigen und kam tatsächlich auf eine Ablenkung von $\Delta = 1,61'' \pm 0,30''$.[44] Obwohl das Ergebnis aufgrund von erschwerten Bedingungen vor Ort – es regnete und war bewölkt – mit einer hohen Ungenauigkeit betrachtet werden musste, galt es als eindrucksvolle experimentelle Bestätigung der ART.

---

[40] Siehe [Ein13, S. 85].
[41] Siehe [Ein11].
[42] Siehe [Ein11, S. 908].
[43] Eddington (1882–1944) war ein britischer Astrophysiker.
[44] Siehe [Edd20, S. 331].

Die Genauigkeit konnte in späteren Messungen deutlich verbessert werden. Bei Positionsmessungen von Quasaren[45] mittels spezieller Methoden der Radiointerferometrie erreicht man heute eine Auflösung von unter 100 Mikrobogensekunden. Für die hohe Auflösung von Wellenlängen im sichtbaren Spektrum ist eine Messung im Weltraum notwendig. Die im Jahr 2013 gestartete ESA-Raumsonde GAIA verfolgt das ambitionierte Ziel, die Positionen von über einer Milliarde Sternen zu vermessen. Dabei soll die Mission die Lichtablenkung bis zu einer Genauigkeit von 10^{-6} bestätigen.[46]

7.5.5 Schwarzschild-Radius als Ereignishorizont

Wir wollen uns zum Abschluss dieses Kapitels noch der Frage widmen, was mit einem Astronauten passiert, der auf ein schwarzes Loch zufällt. Wir betrachten dieses Problem zunächst aus der Perspektive des Astronauten und anschließend aus dem Blickwinkel eines ruhenden Beobachters. Wir berechnen hierzu die Geodäte eines radial zum Ursprung hin fallenden Teilchens sowohl in einem mitbewegten Bezugssystem, als auch aus der Sicht eines relativ zum Mittelpunkt der Massenverteilung ($r = 0$) ruhenden Beobachters. Die Rechnungen orientieren sich an [Sch17] und [Str88].

Perspektive des frei fallenden Astronauten
Nehmen wir an, der Astronaut befindet sich am Anfang seines freien Falls bei $r(0) = R > r_S$ mit $\dot{r}(0) = 0$. Da der Astronaut radial auf das schwarze Loch zufällt, verschwindet der Drehimpuls ($L = 0$). Die Bewegungsgleichung im Gravitationsfeld einer kugelsymmetrischen Masseverteilung aus Gl. (7.113) vereinfacht sich daher auf

$$\dot{r}^2 + V(r) = E^2, \quad \text{mit} \quad V(r) = c^2\left(1 - \frac{r_S}{r}\right). \tag{7.150}$$

Durch Einsetzen der Anfangsbedingungen in Gl. (7.150) lässt sich der Energieparameter E^2 zu

$$E^2 = c^2\left(1 - \frac{r_S}{R}\right) \tag{7.151}$$

---

[45] Quasare (aus dem englischen *quasi-stellar radio source* abgeleitet) sind supermassereiche schwarze Löcher im Zentrum einer Galaxie, die große Mengen an Energie ausstrahlen.
[46] Siehe [Wil18, S. 162 f].

bestimmen. Setzen wir Gl. (7.151) in Gl. (7.150) ein, erhalten wir

$$\dot{r}^2 + c^2\left(1 - \frac{r_S}{r}\right) = c^2\left(1 - \frac{r_S}{R}\right) \tag{7.152}$$

$$\Longleftrightarrow \quad \dot{r}^2 = c^2\left(1 - \frac{r_S}{R}\right) - c^2\left(1 - \frac{r_S}{r}\right) = r_S\, c^2\left(\frac{1}{r} - \frac{1}{R}\right). \tag{7.153}$$

Aus der letzten Zeile ziehen wir die Quadratwurzel und verwenden die negative Lösung, sodass $\dot{r} < 0$ gilt. Dies bedeutet, dass r im Laufe der Bewegung abnimmt und wir den „Fall" in ein schwarzes Loch betrachten. Wir erhalten

$$\dot{r} = \frac{dr}{d\tau} = -\sqrt{r_S\, c^2\left(\frac{1}{r} - \frac{1}{R}\right)} \quad \Longleftrightarrow \quad d\tau = -\left(r_S\, c^2\left(\frac{1}{r} - \frac{1}{R}\right)\right)^{-1/2} dr. \tag{7.154}$$

Wir integrieren und erhalten für die Eigenzeit des Astronauten

$$\tau = -\int_R^r \left(r_S\, c^2\left(\frac{1}{r'} - \frac{1}{R}\right)\right)^{-1/2} dr' = \frac{-1}{\sqrt{r_S\, c^2}} \int_R^r \left(\frac{1}{r'} - \frac{1}{R}\right)^{-1/2} dr'. \tag{7.155}$$

Gemäß [Sch17, S. 370] ist die Lösung des Integrals unter unseren festgelegten Anfangsbedingungen eine Zykloide, die sich mittels eines Parameters η für $\eta \in [0, \pi]$ wie folgt parametrisieren lässt:

$$r(\eta) = \frac{R}{2}(1 + \cos(\eta)), \tag{7.156}$$

$$\tau(\eta) = \sqrt{\frac{R^3}{4r_S\, c^2}}(\eta + \sin(\eta)). \tag{7.157}$$

Der Startwert des Astronauten ist für $\eta = 0$ bestimmt. Wir prüfen zunächst, ob die Lösung den Anfangsbedingungen $r(0) = R$ und $\dot{r}(0) = 0$ genügt. Die erste Anfangsbedingung ist für $\eta = 0$ offensichtlich erfüllt, wie sich an Gl. (7.156) direkt ablesen lässt. Für den Nachweis der zweiten Anfangsbedingung berechnen wir

$$\frac{dr}{d\eta} = -\frac{R}{2}\sin(\eta), \tag{7.158}$$

$$\frac{d\tau}{d\eta} = \sqrt{\frac{R^3}{4r_S\, c^2}}(1 + \cos(\eta)). \tag{7.159}$$

Mit der Kettenregel erhalten wir dann

$$\dot{r} = \frac{dr}{d\tau} = \frac{dr}{d\eta}\frac{d\eta}{d\tau} = -\frac{R}{2}\sin(\eta) \cdot \sqrt{\frac{4r_S c^2}{R^3}}\frac{1}{(1+\cos(\eta))} = -\sqrt{\frac{r_S c^2}{R}}\frac{\sin(\eta)}{(1+\cos(\eta))}.$$
$$(7.160)$$

Setzen wir in diese Gleichung $\eta = 0$ ein, ergibt sich $\dot{r}(0) = 0$. Die angegebene Lösung in Gl. (7.156) und (7.157) genügt damit unseren Anfangsbedingungen. Mithilfe der Zykloidengleichungen lässt sich jetzt die Dauer des freien Falls, gemessen in der Eigenzeit des Astronauten, berechnen. Der Ursprung $r = 0$ ist bei $\eta = \pi$ erreicht, sodass sich für die Eigenzeit nach Gl. (7.157)

$$\tau(\pi) = \sqrt{\frac{R^3}{4r_S c^2}}(\pi + \sin(\pi)) = \frac{\pi}{2c}\sqrt{\frac{R^3}{r_S}} \qquad (7.161)$$

ergibt. Wir stellen damit fest, dass der Astronaut den Ursprung des schwarzen Lochs bei $r = 0$ nach einer endlichen Eigenzeit erreicht.

Perspektive des ruhenden Beobachters
Berechnen wir jetzt den gleichen Vorgang aus der Perspektive eines ruhenden Beobachters, der bei $r = R$ verharrt, während der Astronaut auf der radialen Geodäte in das schwarze Loch stürzt.[47] Im Folgenden bezeichnet t die Koordinatenzeit des „zu Hause" gebliebenen Beobachters. Dann folgt mit der Kettenregel

$$\dot{r}^2 = \left(\frac{dr}{d\tau}\right)^2 = \left(\frac{dr}{dt}\frac{dt}{d\tau}\right)^2 = \left(\frac{dr}{dt}\dot{t}\right)^2 = \left(\frac{dr}{dt}\right)^2\frac{E^2}{c^2(1-r_S/r)^2}. \qquad (7.162)$$

Diese Gleichung stellen wir um und erhalten

$$\begin{aligned}\left(\frac{dr}{dt}\right)^2 &= \frac{c^2(1-r_S/r)^2}{E^2}\dot{r}^2 \\ &= \frac{c^2(1-(r_S/r))^2}{c^2(1-(r_S/R))}r_S c^2\left(\frac{1}{r}-\frac{1}{R}\right) \\ &= c^2\frac{(r-r_S)^2 r_S (R-r)}{r^3(R-r_S)}.\end{aligned} \qquad (7.163)$$

---

[47] Die nachfolgende Rechnung orientiert sich an Ryder [Ryd09]. Scheck [Sch17] und Straumann [Str88] führen bei ihren Berechnungen für den ruhenden Beobachter eine Hilfsvariable ein, die ohne Begründung angegeben wird. Dieser Weg erscheint mir weniger intuitiv als der folgende.

Daraus ziehen wir die Quadratwurzel und verwenden wie oben die negative Lösung, da r bei wachsendem t abnimmt. Wir erhalten

$$\frac{dr}{dt} = -c \frac{(r - r_S)\,(r_S)^{1/2}\,(R - r)^{1/2}}{r^{3/2}\,(R - r_S)^{1/2}}. \tag{7.164}$$

Integration liefert uns den Zusammenhang

$$t = -\frac{1}{c}\left(\frac{(R - r_S)}{r_S}\right)^{1/2} \int_R^r \frac{r'^{3/2}}{(r' - r_S)(R - r')^{1/2}}\,dr'. \tag{7.165}$$

Wir sind nun an einer Lösung nahe des Schwarzschild-Radius bei r_S interessiert und machen daher den Ansatz $r' = r_S + \epsilon$, wobei ϵ eine kleine reelle Zahl ist. Setzen wir diesen Ansatz in Gl. (7.165) ein, ergibt sich

$$ct = -\left(\frac{(R - r_S)}{r_S}\right)^{1/2} \int_{R-r_S}^{r-r_S} \frac{(r_S + \epsilon)^{3/2}}{\epsilon(R - r_S - \epsilon)^{1/2}}\,dr'. \tag{7.166}$$

Mittels einer Reihenentwicklung für kleine Werte von ϵ lässt sich schreiben:

$$\begin{aligned}
ct &= -\left(\frac{(R - r_S)}{r_S}\right)^{1/2} \int_{R-r_S}^{r-r_S} \left(\frac{(r_S)^{3/2}}{\epsilon(R - r_S)^{1/2}} + \mathcal{O}(\epsilon^0)\right)d\epsilon \\
&\approx -r_S \int_{R-r_S}^{r-r_S} \frac{1}{\epsilon}\,d\epsilon \\
&= -r_S \cdot \ln\left(\frac{r - r_S}{R - r_S}\right).
\end{aligned} \tag{7.167}$$

Hieraus erhalten wir schließlich die genäherte Lösung

$$r(t) = r_S + (R - r_S)e^{-ct/r_S}. \tag{7.168}$$

Aus dieser Gleichung lässt sich ablesen, dass für $t \to \infty$ die Funktion $r(t)$ gegen den Ereignishorizont bei $r_S = 2m$ strebt. Im Vergleich mit dem Ergebnis aus der vorangegangenen Rechnung für den frei fallenden Astronauten ergibt sich für den ruhenden Beobachter ein ganz anderes Ergebnis. Während der frei fallende Astronaut den Ereignishorizont nach einer endlichen Zeit überschreitet und sogar nach endlicher Zeit die Singularität bei $r = 0$ erreicht, sieht es aus der Perspektive des ruhenden Beobachters so aus, als würde der Astronaut den Ereignishorizont nie erreichen. Das Diagramm in Abb. 7.5 zeigt den zeitlichen Verlauf aus beiden Perspektiven und fasst die Ergebnisse zusammen.[48]

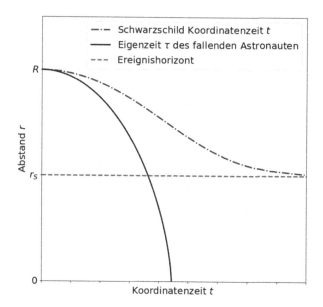

Abbildung 7.5 Fall in ein schwarzes Loch aus der Perspektive eines frei fallenden Astronauten (Eigenzeit τ) und eines weit entfernten Beobachters (Koordinatenzeit t). Der freie Fall beginnt beim Startwert R. Eigene Darstellung mittels Python

Diese Erkenntnis können wir ohne Weiteres auf das Kollabieren eines Sterns übertragen. Aus der Sicht eines außenstehenden Beobachters würde der Stern eine unendlich lange Zeit benötigen, um auf eine endliche Größe zu kollabieren. Es schiene so, als würde der Stern immer langsamer in sich zusammenfallen.[49]

---

[48] Für die Erstellung des Diagramms wurde eine geschlossene Lösung des Integrals in Gl. (7.165) verwendet. Diese ist dem Anhang A.4 zu entnehmen.

[49] Dieses Phänomen bezeichneten die Physiker Zel'dovich und Novikov (1996) als „gefrorene Sterne".

Fazit und Ausblick

Von der Newton'schen Mechanik über die SRT haben wir gesehen, dass Einstein für die Formulierung seiner Idee, Gravitation als geometrische Eigenschaft von Raum und Zeit zu beschreiben, eine Geometrie auf einer vierdimensionalen Mannigfaltigkeit benötigte. Das Kalkül hierfür fand Einstein mithilfe seines Freundes Grossmann in der Riemann'schen Geometrie angelegt. Mithilfe dieser Erkenntnis konnten die Einstein'schen Feldgleichungen formuliert werden, welche schon damals eindrucksvoll durch Experimente bestätigt wurden. Mit dem Abschluss dieser Arbeit ist es an der Zeit, diese beeindruckende Entwicklung und die wichtigsten Erkenntnisse zusammenzufassen. Wir werden außerdem feststellen, dass nach der Bestätigung der ART durch die drei klassischen Effekte noch zahlreiche weitere astronomische Entdeckungen folgten, welche die ART bereits vorhergesagt hatte.

Mit der Newton'schen Gravitationstheorie haben wir im zweiten Kapitel den Vorläufer der modernen Auffassung von Raum und Zeit kennengelernt. Auf der Grundlage des Newton'schen Kraftbegriffs konnten wir eine Feldgleichung herleiten, die das Gravitationsfeld bei gegebener Massenverteilung bestimmt. Wir haben uns daraufhin mit dem Begriff des Inertialsystems beschäftigt und ausgehend von dem Galilei'schen Relativitätsprinzip die Galilei-Transformation gefunden, unter der die Newton'sche Bewegungsgleichung kovariant blieb. Nachdem Maxwell durch die nach ihm benannten Gleichungen den Elektromagnetismus beschreiben konnte, wurden die Grenzen der Galilei-Transformation deutlich. Das veranlasste Einstein zu zwei Postulaten, in denen er die Konstanz der Vakuumlichtgeschwindigkeit und die Kovarianz aller Naturgesetze in Inertialsystemen forderte. Die Postulate legten den Grundstein für die SRT und lösten die Galilei-Transformation durch die Lorentz-Transformation ab, welche wir im dritten Kapitel diskutiert haben. Durch die Arbeiten Minkowskis gelang es, Raum und Zeit mathematisch in einem vierdimensionalen reellen Vektorraum mit nicht-entarteter Metrik zusammenzufassen. Als eine erste Konsequenz mussten wir uns von dem absoluten Gleichzeitigkeitsbegriff lösen,

L. Scharfe, *Geometrie der Allgemeinen Relativitätstheorie*, BestMasters, https://doi.org/10.1007/978-3-658-40361-4_8

da physikalische Ereignisse raum-, zeit- oder lichtartig werden können. Für die kovariante Formulierung physikalischer Gesetze unter der Lorentz-Transformation erwiesen sich Tensoren als nützlich. Wir haben dabei gesehen, dass der Tensorbegriff mathematisch eine große Vielfalt mit sich bringt und Tensoren sowohl direkt als Elemente eines Tensorproduktraums als auch durch multilineare Abbildungen dargestellt werden können. Wir haben dabei die mathematischen Objekte, die bereits in der SRT aufgetreten sind und später in der ART wieder relevant wurden, in einen größeren Rahmen eingeordnet und Verbindungen zur Mathematik aufgezeigt. Schließlich haben wir uns konkreten physikalischen Folgerungen gewidmet, welche sich direkt aus der SRT ergaben und haben die Maxwell-Gleichungen auf eine kovariante Form gebracht.

Im vierten Kapitel haben wir die mathematisch ähnliche Struktur der Newton'schen Gravitationstheorie zur Elektrostatik genutzt, um eine erste Idee für ein relativistisches Gravitationsgesetz zu erhalten. Dabei sind wir analog zu dem Übergang von der Elektrostatik zur Elektrodynamik vorgegangen. Den Grundpfeiler für die Verallgemeinerung der SRT legte Einstein mit dem Äquivalenzprinzip, nach welchem sich die Gravitation im Lokalen Inertialsystem wegtransformieren lässt. Außerdem schlussfolgerten wir daraus die Interpretation der Gravitation als eine Raumkrümmung. Dieser wichtige Schritt führte uns auf die Riemann'sche Geometrie, die Einstein zur mathematischen Formulierung seiner Ideen benutzte.

Wir haben daraufhin im fünften und sechsten Kapitel einen mathematischen Ausflug in die Riemann'sche Geometrie unternommen. Wie bereits in der Einleitung gefordert, haben vor allem in diesen beiden Kapiteln die grundlegenden Begriffe, derer sich die ART bedient, eine klare mathematische Formulierung bekommen. Den Ausgangspunkt stellte hierbei eine abstrakte n-dimensionale Mannigfaltigkeit dar, auf der wir ohne einen umgebenden Raum Geometrie betreiben wollten. Wir mussten uns zunächst die Auffassung von Vektoren als Tangentialvektoren erarbeiten. Die anschließende Einführung von Kovektoren und Tensoren auf Mannigfaltigkeiten gelang uns daraufhin ähnlich wie im Minkowski-Raum. Die Forderung nach Abstandsmessungen führte uns auf pseudo-Riemann'sche Mannigfaltigkeiten. Auf gekrümmten Räumen mussten wir außerdem das Konzept der Ableitung von Vektorfeldern und Tensorfeldern neu entwickeln und haben dabei gesehen, welche wichtige Bedeutung der Levi-Civita-Zusammenhang und der Paralleltransport haben. Die Geodätengleichung lieferte uns schließlich aus rein geometrischen Überlegungen die Bewegungsgleichung kräftefreier Teilchen. Mit der Exponentialabbildung haben wir das Äquivalenzprinzip in der Riemann'schen Geometrie wiedergefunden und in diesem Zusammenhang den Begriff des Lokalen Inertialsystems mathematisch präzisiert. Einen Höhepunkt stellte dann die Aufstellung des Riemann'schen Krümmungstensors dar.

Aus der Forderung des (allgemeinen) Kovarianzprinzips konnten wir dann im letzten Kapitel die Einstein'schen Feldgleichungen als tensorielle Gleichungen aufstellen. Der metrische Tensor und der Energie-Impuls-Tensor ersetzten dabei das gravitative Potential und die Massendichte aus der klassischen Gravitationstheorie. Wir haben jedoch gesehen, dass diese im Newton'schen Grenzfall noch enthalten sind. Nach einer Diskussion über die Struktur der neuen Feldgleichungen leiteten wir für den einfachen Fall einer statischen, kugelsymmetrischen Massenverteilung die Schwarzschild-Lösung her. Als Konsequenzen ergaben sich daraus die Rotverschiebung, Periheldrehung und Lichtablenkung, welche wir quantitativ diskutiert haben.

Nicht ohne Grund wird die ART als eine der „größten Leistungen menschlichen Denkens über die Natur"[1] bezeichnet. Einstein erkannte die unterschiedlichen Entwicklungsstränge der damaligen physikalischen und mathematischen Forschungen und brachte sie zusammen in einem „Musterbeispiel einer Theorie vollendeter Schönheit"[2]. Auch viele Jahre nach Entwicklung der ART ist sie bis heute noch Gegenstand der Forschung. Die in dieser Arbeit diskutierten Effekte der ART bilden nur einen Bruchteil der Konsequenzen und Folgerungen ab, die sich aus der Theorie ergeben. Für die weitere Behandlung schwarzer Löcher ist es notwendig, die Schwarzschild-Metrik auf Radien $r \leq r_S$ fortzusetzen. Insbesondere müsste die Koordinatensingularität bei $r = r_S$ behoben werden. Ein geeignetes Koordinatensystem hierzu liefern z. B. die Eddington-Finkelstein-Koordinaten. Eine alternative Fortsetzung der Schwarzschild-Metrik kann auch mit den Kruskal-Szekeres-Koordinaten gefunden werden.[3] Untersucht man zusätzlich rotierende schwarze Löcher, verschwindet der Drehimpuls L nicht. Roy Kerr[4] fand 1963 eine Lösung der Einstein'schen Feldgleichungen, mit der rotierende, ungeladene schwarze Löcher beschrieben werden können. Eine Besonderheit ist hierbei, dass im Falle eines nicht verschwindenden Drehimpulses das schwarze Loch zwei Ereignishorizonte aufweist, einen inneren und einen äußeren. Im Fall von $L = 0$ geht dabei der äußere Ereignishorizont in den Schwarzschild-Radius über. Der innere Ereignishorizont wird *Cauchy-Horizont* genannt und wäre für einen außenstehenden Beobachter nicht sichtbar. Dessen Existenz gilt jedoch als sehr unwahrscheinlich, da die Raumzeit im Inneren des *Cauchy-Horizonts* nicht über die Kerr-Metrik beschrie-

---

[1] Siehe [Str88, S. 81] zitiert nach Max Born.
[2] Siehe [Str88, S. 81] zitiert nach Wolfgang Pauli.
[3] Weitere Informationen hierzu sind in [Str88, S. 223 ff] zu finden.
[4] Roy Kerr (geb. 1934) ist ein neuseeländischer Mathematiker.

ben werden kann.[5] Für die Kosmologie hingegen ist die Robertson-Walker-Metrik von großer Bedeutung, die ebenfalls eine exakte Lösung der Einstein'schen Feldgleichungen darstellt. Unter der Annahme eines homogenen und isotropen Universums können aus dieser Metrik die Friedmann-Gleichungen hergeleitet werden, mittels derer die dynamische Entwicklung des Universums bei vorgegebenem Energiegehalt beschrieben werden kann. 1998 konnte erstmals durch Beobachtungen einer Supernova vom Typ Ia festgestellt werden, dass unser Universum beschleunigt expandiert.[6] Als mögliche Ursache wird, wie bereits erwähnt, die (noch) nicht experimentell nachgewiesene dunkle Energie vermutet.

Mit der Entdeckung von Gravitationswellen gelang im September 2015 die eindrucksvolle Bestätigung der Einstein'schen Feldgleichungen ein weiteres Mal. Das Laser Interferometer Gravitation Wave Observatory (LIGO) detektierte das Verschmelzen von zwei schwarzen Löchern mit einer Masse von ca. $36 M_\odot$ und $29 M_\odot$. Die abgestrahlte Energie in Form von Gravitationswellen betrug bei der Fusion etwa $3 M_\odot c^2$.[7] Medial wurde dieses Ereignis stark aufgearbeitet, nicht zuletzt, weil Einstein fast 100 Jahre zuvor die Existenz von Gravitationswellen postuliert hatte.[8] Man erhält Gravitationswellen als Lösung der linearisierten Feldgleichungen, d.h. wählt den Ansatz $g_{\mu\nu} = \eta_{\mu\nu} + h_{\mu\nu}$, wie wir ihn aus Gl. (7.19) bereits kennen. Im quellfreien Raum ($T_{\mu\nu} = 0$) reduzieren sich die Gleichungen dann auf $\Box h_{\mu\nu} = 0$ und wir erhalten als Lösung ebene Gravitationswellen.[9] An dieser Stelle sei auf das Analogon in der Elektrodynamik verwiesen, nach dem sich die Feldgleichung für die Potentiale A^μ im quellfreien Raum ($j^\mu = 0$) auf $\Box A^\mu = 0$ reduziert (siehe Gl. (3.99)). Ähnlich wie elektromagnetische Wellen durch beschleunigte Ladungen erzeugt werden, verursachen beschleunigte Massen die Gravitationswellen. Im Unterschied zur Elektrodynamik besitzen die Massenverteilungen jedoch nur ein Vorzeichen, weshalb es keine gravitativen Dipole geben kann. So ergibt sich, dass die Gravitationswellen in niedrigster Ordnung eine Quadrupolstrahlung liefern. Das LIGO benutzt für die Detektion von Gravitationswellen (vereinfacht gesagt) ein Michelson-Interferometer, deren Interferometerarme etwa 4km lang sind. Mit dem heutigen Stand der Technik ist es damit möglich, Längenänderungen auf ein Tau-

---

[5] Diese Thematik wird ausführlich in der Masterarbeit von Alexandra Stillert [Sti19] behandelt.

[6] Für diese Entdeckung bekamen die Astronomen Saul Perlmutter, Brian Schmidt und Adam Riess 2011 den Physik Nobelpreis zugesprochen. Siehe [3].

[7] Siehe [Abb16].

[8] Siehe [Ein16b, S. 693 ff].

[9] Für eine ausführlichere Diskussion von Gravitationswellen sei an die Masterarbeit von Jonas Pohl [Poh17] oder an [Fli16, S. 181 ff] verwiesen.

sendstel des Protonendurchmessers genau zu bestimmen.[10] Die Forscher erhalten mit dieser neuen Art der Gravitationswellen-Astronomie eine ganz andere Möglichkeit, in die Tiefen des Universums vorzudringen.

Am Ende dieser Arbeit sollte auch ein Ausblick in andere Themengebiete der Physik nicht fehlen, in denen die vorgestellten Methoden der Differentialgeometrie ihre Anwendung finden. Schließlich haben wir bereits in der Einleitung erwähnt, dass sich die mathematische Behandlung der ART unter anderem auch deshalb lohnt, um Parallelen zu anderen Theorien zu erkennen. Eine wichtige Anwendung findet der Formalismus der Differentialgeometrie in der Beschreibung von Eichtheorien. Feldtheorien wie etwa der Maxwell-Elektromagnetismus können durch Eichtheorien beschrieben werden. Die Idee ist hierbei, dass man eine Gruppe von Transformationen der Felder sucht, unter der die Dynamik der beteiligten Teilchen invariant bleibt. Bei den Maxwell-Gleichungen drückt sich diese Eichinvarianz insofern aus, dass der Feldstärketensor $F^{\mu\nu} = \partial^\mu A^\nu - \partial^\nu A^\mu$ invariant unter Eichtransformationen der Form $A^\mu \to A^\mu + \partial^\mu \chi(r, t)$ ist, wobei $\chi(r, t)$ eine beliebige zweimal stetig differenzierbare Funktion ist. Allgemein unterscheidet man zwischen globalen (ortsunabhängigen) und lokalen (ortsabhängigen) Eichtransformationen. Um in einer Eichtheorie auch die Invarianz unter einer lokalen Transformation zu erreichen, müssen partielle Ableitungen durch eine kovariante Ableitung ersetzt werden. Auch in der ART haben wir diesen Schritt vorgenommen. In einer Eichtheorie wird dann ein Feldstärketensor als Kommutator von kovarianten Ableitungen definiert, der wiederum eine mathematisch ähnliche Struktur zum Krümmungstensor aufweist. Mit diesen Andeutungen soll deutlich werden, dass sich Eichtheorien mit der differentialgeometrischen Sprache geometrisch interpretieren lassen. Um diese Zusammenhänge tiefer zu durchdringen, wären allerdings weitere Kenntnisse über die Struktur von Eichtheorien notwendig und auch die in dieser Arbeit eingeführten differentialgeometrischen Hilfsmittel wären noch nicht ausreichend.[11]

Es lässt sich dennoch festhalten, dass *fast* alle fundamentalen Wechselwirkungen durch Eichtheorien beschrieben werden können. So wird die starke Wechselwirkung durch die Quantenchromodynamik mit Eichgruppe $SU(3)$ beschrieben. Die elektroschwache Theorie vereinheitlicht den Elektromagnetismus mit der schwachen Wechselwirkung in einer Eichtheorie mit der Eichgruppe $SU(2) \times U(1)$. Die Ausnahme stellt hier die Gravitation selbst dar. Eine vollends zufriedenstellende Formulierung der Gravitation als Eichtheorie ist noch nicht geglückt, weshalb diese auch nicht im Standardmodell der Teilchenphysik enthalten ist.[12] Das hängt auch

---

[10] Siehe [2].
[11] Siehe [Phi18, S. 187 ff].
[12] Siehe [Phi18, S. 4].

mit der Schwierigkeit zusammen, eine Quantentheorie der Gravitation zu entwickeln.[13] Eine mögliche eichtheoretische Betrachtung der Gravitation gibt es aber dennoch und ist in der Einstein-Cartan-Theorie (ECT) angelegt. Diese geht auf Élie Cartan (1869-1951) zurück und stellt eine Erweiterung der ART dar, welche auch die Torsion mit einbezieht. Tom Kibble (1932-2016) konnte die ECT als Eichtheorie formulieren, indem er von der Poincaré-Gruppe als zugrundeliegende Eichgruppe ausging.[14] In der ECT wird die Torsion mit dem Spin von Teilchen in Verbindung gebracht. Ähnlich wie der Energie-Impuls-Tensor in der ART eine Krümmung der Raumzeit hervorbringt, ist der Spin in der ECT zusätzlich für eine Torsion der Raumzeit verantwortlich. Dieser Umstand äußert sich in der ECT als eine weitere Feldgleichung, die einen Spindichte-Tensor mit dem Torsionstensor verknüpft. Auf makroskopischer Ebene geht die ECT in die ART über, im Mikroskopischen ergibt sich hingegen eine Erweiterung der Einstein'schen Gravitationstheorie. Die zusätzlichen Effekte, welche die Torsion in der ECT verursacht, konnten bisher jedoch nicht nachgewiesen werden.[15] Daher bleibt letztlich unklar, wie die Torsion physikalisch korrekt zu interpretieren ist. Auch in anderen Theorien, wie z. B. der String-Theorie, tritt die Torsion in Erscheinung.[16]

Wir stellen abschließend fest, dass die Physik dem Gravitationsproblem offensichtlich noch nicht „aller Schwierigkeiten Herr" geworden ist, um es in den Worten Einsteins zu formulieren.[17] Hierfür ist noch einiges an Forschung notwendig und es bleibt abzuwarten, bis der theoretischen Physik der nächste Durchbruch gelingt.

---

[13] Die Schwierigkeit der Entwicklung einer Quantengravitation hängt damit zusammen, dass sich die von anderen Quantenfeldtheorien bekannten Methoden nicht einfach auf die ART übertragen lassen. Ein technisches Problem ist, dass die *Renormierung* der Gravitation scheitert. Es tauchen also Unendlichkeiten auf, die sich nicht mit den bisherigen Methoden eliminieren lassen. Leider ist es zum jetzigen Zeitpunkt auch nicht möglich, Quanteneffekte der Gravitation experimentell zu untersuchen. Derartige Effekte würden erst bei Längenskalen nahe der Planck-Länge bei 10^{-35} m relevant werden. Die hierfür benötigten Energien überschreiten deutlich jene, die heutzutage in Teilchenbeschleunigern erreicht werden können. Für weitere Informationen siehe [Car14, S. 170 f].

[14] Siehe [HKN76].

[15] Siehe [Sch02, S. 57 f].

[16] Ein Übersichtsartikel von Hammond [Ham02] macht die Rolle der Torsion in unterschiedlichen Gravitationstheorien deutlich.

[17] Siehe hierzu das einleitende Zitat aus Kapitel 7 *Allgemeine Relativitätstheorie*.

A Anhang

A.1 Christoffel-Symbole und Ricci-Tensor der Schwarzschild-Metrik

Im Folgenden werden die Christoffel-Symbole und die Diagonaleinträge des Ricci-Tensors für die Schwarzschild-Metrik in Gl. (7.64) berechnet. Der metrische Tensor lautet:

$$g_{\mu\nu} = \text{diag}\left(e^{2A(r)}, -e^{2B(r)}, -r^2, -r^2 \sin^2(\theta)\right), \tag{A.1}$$

$$g^{\mu\nu} = \text{diag}\left(e^{-2A(r)}, -e^{-2B(r)}, -\frac{1}{r^2}, -\frac{1}{r^2 \sin^2(\theta)}\right). \tag{A.2}$$

Die Christoffel-Symbole berechnen sich nach der Formel

$$\Gamma^\kappa_{\mu\nu} = \frac{1}{2} g^{\kappa\rho}(g_{\nu\rho,\mu} + g_{\rho\mu,\nu} - g_{\mu\nu,\rho}). \tag{A.3}$$

Da die Koeffizienten des metrischen Tensors mit Ausnahme der Diagonaleinträge verschwinden, setzen wir zur Bestimmung der Christoffel-Symbole $\rho = \kappa$. Es ergeben sich die folgenden von null verschiedenen Christoffel-Symbole:

$$\Gamma^0_{10} = \Gamma^0_{01} = \frac{g^{00}}{2}(g_{10,0} + g_{00,1} - g_{01,0}) = \frac{g^{00}}{2}g_{00,1} = \frac{1}{2}e^{-2A} \cdot 2A'e^{2A} = A',$$
$$\tag{A.4}$$

$$\Gamma^1_{00} = A'e^{2(A-B)}, \tag{A.5}$$

$$\Gamma^1_{11} = \frac{g^{11}}{2}(g_{11,1} + g_{11,1} - g_{11,1}) = \frac{g^{11}}{2}g_{11,1} = \frac{1}{2}e^{-2B} \cdot 2B'e^{2B} = B', \quad \text{(A.6)}$$

© Der/die Herausgeber bzw. der/die Autor(en), exklusiv lizenziert an Springer
Fachmedien Wiesbaden GmbH, ein Teil von Springer Nature 2022
L. Scharfe, *Geometrie der Allgemeinen Relativitätstheorie*, BestMasters,
https://doi.org/10.1007/978-3-658-40361-4

$$\Gamma^1_{22} = \frac{g^{11}}{2}(g_{21,2} + g_{12,2} - g_{22,1}) = -\frac{g^{11}}{2}g_{22,1} = -\frac{1}{2}e^{-2B} \cdot 2r = -re^{-2B},$$
(A.7)

$$\Gamma^1_{33} = \frac{g^{11}}{2}(g_{31,3} + g_{13,3} - g_{33,1}) = -\frac{g^{11}}{2}g_{33,1}$$

$$= -\frac{1}{2}e^{-2B} \cdot 2r\sin^2(\theta) = -r\sin^2(\theta)e^{-2B},$$
(A.8)

$$\Gamma^2_{12} = \Gamma^2_{21} = \frac{g^{22}}{2}(g_{12,2} + g_{22,1} - g_{21,2}) = \frac{g^{22}}{2}g_{22,1} = \frac{1}{2}\frac{1}{r^2} \cdot 2r = \frac{1}{r},$$
(A.9)

$$\Gamma^2_{33} = \frac{g^{22}}{2}(g_{32,3} + g_{23,3} - g_{33,2}) = -\frac{g^{22}}{2}g_{33,2}$$

$$= -\frac{1}{2}\frac{1}{r^2} \cdot 2r^2\sin(\theta)\cos(\theta) = -\sin(\theta)\cos(\theta),$$
(A.10)

$$\Gamma^3_{13} = \Gamma^3_{31} = \frac{g^{33}}{2}(g_{13,3} + g_{33,1} - g_{31,3}) = \frac{g^{33}}{2}g_{33,1}$$

$$= \frac{1}{2}\frac{1}{r^2\sin^2(\theta)} \cdot 2r\sin^2(\theta) = \frac{1}{r},$$
(A.11)

$$\Gamma^3_{23} = \Gamma^3_{32} = \frac{g^{33}}{2}(g_{23,3} + g_{33,2} - g_{32,3}) = \frac{g^{33}}{2}g_{33,2}$$

$$= \frac{1}{2}\frac{1}{r^2\sin^2(\theta)} \cdot 2r^2\sin(\theta)\cos(\theta) = \frac{\cos(\theta)}{\sin(\theta)} = \cot(\theta).$$
(A.12)

Die Koeffizienten des Ricci-Tensors erhalten wir durch

$$R_{\mu\nu} = \Gamma^\kappa_{\mu\nu,\kappa} - \Gamma^\kappa_{\mu\kappa,\nu} + \Gamma^\kappa_{\rho\kappa}\Gamma^\rho_{\mu\nu} - \Gamma^\kappa_{\rho\nu}\Gamma^\rho_{\mu\kappa}.$$
(A.13)

Der 00-Koeffizient wurde bereits in Gl. (7.50) berechnet. Die übrigen Koeffizienten berechnen sich wie folgt:

$$R_{11} = \Gamma^\kappa_{11,\kappa} - \Gamma^\kappa_{1\kappa,1} + \Gamma^\kappa_{\rho\kappa}\Gamma^\rho_{11} - \Gamma^\kappa_{\rho1}\Gamma^\rho_{1\kappa}$$

$$= -\Gamma^0_{10,1} - \Gamma^2_{12,1} - \Gamma^3_{13,1} + \Gamma^0_{10}\Gamma^1_{11} + \Gamma^2_{12}\Gamma^1_{11} + \Gamma^3_{13}\Gamma^1_{11} - (\Gamma^0_{10})^2 - (\Gamma^2_{12})^2 - (\Gamma^3_{13})^2$$

$$= -A'' + \frac{1}{r^2} + \frac{1}{r^2} + A'B' + \frac{B'}{r} + \frac{B'}{r} - A'^2 - \frac{1}{r^2} - \frac{1}{r^2}$$

$$= -A'' + A'B' + \frac{2B'}{r} - A'^2,$$
(A.14)

$$R_{22} = \Gamma^{\kappa}_{22,\kappa} - \Gamma^{\kappa}_{2\kappa,2} + \Gamma^{\kappa}_{\rho\kappa}\Gamma^{\rho}_{22} - \Gamma^{\kappa}_{\rho 2}\Gamma^{\rho}_{2\kappa}$$

$$= \Gamma^{1}_{22,1} - \Gamma^{3}_{23,2} + \Gamma^{0}_{10}\Gamma^{1}_{22} + \Gamma^{1}_{11}\Gamma^{1}_{22} + \Gamma^{2}_{12}\Gamma^{1}_{22} + \Gamma^{3}_{13}\Gamma^{1}_{22} - \Gamma^{2}_{12}\Gamma^{1}_{22} - \Gamma^{1}_{22}\Gamma^{2}_{21} - (\Gamma^{3}_{23})^{2}$$

$$= (2rB' - 1)e^{-2B} + \frac{1}{\sin^2(\theta)} - \left(A' + B' + \frac{1}{r} + \frac{1}{r}\right)re^{-2B}$$

$$+ \frac{1}{r}\cdot re^{-2B} + \frac{1}{r}\cdot re^{-2B} - \cot^2(\theta)$$

$$= (2rB' - 1 - rA' - rB')e^{-2B} + \underbrace{\frac{1}{\sin^2(\theta)} - \cot^2(\theta)}_{=1}$$

$$= (-1 - rA' + rB')e^{-2B} + 1, \tag{A.15}$$

$$R_{33} = \Gamma^{\kappa}_{33,\kappa} - \Gamma^{\kappa}_{3\kappa,3} + \Gamma^{\kappa}_{\rho\kappa}\Gamma^{\rho}_{33} - \Gamma^{\kappa}_{\rho 3}\Gamma^{\rho}_{3\kappa}$$

$$= \Gamma^{1}_{33,1} + \Gamma^{2}_{33,2} + \Gamma^{0}_{10}\Gamma^{1}_{33} + \Gamma^{1}_{11}\Gamma^{1}_{33} + \Gamma^{2}_{12}\Gamma^{1}_{33} + \Gamma^{3}_{13}\Gamma^{1}_{33} + \Gamma^{3}_{23}\Gamma^{2}_{33}$$

$$- \Gamma^{3}_{13}\Gamma^{1}_{33} - \Gamma^{3}_{23}\Gamma^{2}_{33} - \Gamma^{1}_{33}\Gamma^{3}_{31} - \Gamma^{2}_{33}\Gamma^{3}_{32}$$

$$= \sin^2(\theta)e^{-2B}(-1 + 2rB') - \left(\frac{\partial}{\partial\theta}\sin(\theta)\cos(\theta)\right)$$

$$- r\sin^2(\theta)e^{-2B}\left(A' + B' + \frac{1}{r} + \frac{1}{r}\right) + \frac{1}{r}\cdot r\sin^2(\theta)e^{-2B}$$

$$+ \cot(\theta)\sin(\theta)\cos(\theta) + r\sin^2(\theta)e^{-2B}\cdot\frac{1}{r} + \sin(\theta)\cos(\theta)\cot(\theta)$$

$$= \sin^2(\theta)e^{-2B}(-1 + 2rB') - \cos^2(\theta) + \sin^2(\theta) - \sin^2(\theta)e^{-2B}(rA' + rB' + 2)$$

$$+ 2\sin^2(\theta)e^{-2B} + \cot(\theta)\sin(\theta)\cos(\theta)$$

$$= \sin^2(\theta)e^{-2B}(-1 - rA' + rB') + \sin^2(\theta)$$

$$= \sin^2(\theta)\left(e^{-2B}(-1 - rA' + rB') + 1\right)$$

$$= \sin^2(\theta)R_{22}. \tag{A.16}$$

A.2 Parametrisierte Lösung für den Fall in ein schwarzes Loch

Die vollständigen geschlossenen Lösungen der Integralausdrücke in Gl. (7.156) und Gl. (7.165), die für den Plot in Abb. 7.5 verwendet wurde, lauten:

$$r(\eta) = \frac{R}{2}(1 + \cos(\eta)), \tag{A.17}$$

$$\tau(\eta) = \sqrt{\frac{R^3}{8mc^2}}(\eta + \sin(\eta)), \tag{A.18}$$

$$t(\eta) = 2m \ln \left| \frac{\sqrt{\frac{R}{2m} - 1} + \tan(\frac{\eta}{2})}{\sqrt{\frac{R}{2m} - 1} - \tan(\frac{\eta}{2})} \right| + 2m\sqrt{\frac{R}{2m} - 1}\left(\eta + \left(\frac{R}{4m}\right)(\eta + \sin(\eta))\right). \tag{A.19}$$

Die Lösungen beschreiben Zykloiden mit dem Parameter $\eta \in [0, \pi]$ und wurden [Mis08, S. 824] entnommen.

Literaturverzeichnis

[1]   *2018 CODATA recommended values*. URL: https://physics.nist.gov/cgi-bin/cuu/
          Value?bg (Letzter Zugriff am 01. 04. 2021).
[2]   LIGO Laboratory. *LIGO's Interferometer*. URL: https://www.ligo.caltech.edu/
          page/ligos-ifo (Letzter Zugriff am 01. 04. 2021).
[3]   *The Nobel Prize in Physics 2011*. URL: https://www.nobelprize.org/prizes/
          physics/2011/summary/ (Letzter Zugriff am 01. 04. 2021).
[Abb16]   Benjamin P. Abbott. „Observation of Gravitational Waves from a Binary Black
          Hole Merger". In: *Phys. Rev. Lett.* 116.6 (Feb. 2016). https://doi.org/10.1103/
          PhysRevLett.116.061102.
[Bal18]   Werner Ballmann. *Einführung in die Geometrie und Topologie*. Berlin u. a.:
          Springer Verlag, 2018.
[Bär10]   Christian Bär. *Elementare Differentialgeometrie*. Berlin: De Gruyter, 2010.
[Bär13]   Christian Bär. *Vorlesungsskript Differential Geometry*. Institut für Mathematik
          der Universität Potsdam, Aug. 2013. URL: https://www.math.uni-potsdam.de/
          professuren/geometrie/lehre/lehrmaterialien (Letzter Zugriff am 01. 04. 2021).
[Bau06]   Helga Baum. *Vorlesungsskript Differentialgeometrie I*. Institut für Mathematik
          der Humboldt-Universität Berlin, Mai 2006. URL: https://www.mathematik.hu-
          berlin.de/baum/Skript/diffgeo1.pdf (Letzter Zugriff am 29. 04. 2021).
[Beu14]   Albrecht Beutelspacher. *Lineare Algebra: Eine Einführung in die Wissenschaft
          der Vektoren, Abbildungen und Matrizen*. 8. Auflage. Wiesbaden: Springer Spek-
          trum, 2014.
[Bob16]   Sebastian Boblest, Thomas Müller und Günter Wunner. *Spezielle und allgemeine
          Relativitätstheorie: Grundlagen, Anwendungen in Astrophysik und Kosmologie
          sowie relativistische Visualisierung*. 1. Auflage. Berlin u. a.: Springer Spektrum,
          2016.
[Bro16]   Ilja N. Bronstein. *Taschenbuch der Mathematik*. 10. Auflage. Haan: Verlag
          Europa-Lehrmittel, 2016.
[Car14]   Sean Carroll. *Spacetime and geometry: An introduction to general relativity*.
          Harlow: Pearson, 2014.

© Der/die Herausgeber bzw. der/die Autor(en), exklusiv lizenziert an Springer   185
Fachmedien Wiesbaden GmbH, ein Teil von Springer Nature 2022
L. Scharfe, *Geometrie der Allgemeinen Relativitätstheorie*, BestMasters,
https://doi.org/10.1007/978-3-658-40361-4

[Edd20]   Arthur Stanley Eddington und Frank Watson Dyson. „A determination of the deflection of light by the suns gravitational field, from observations made at the total eclipse of May 29, 1919". In: *Philosophical Transactions of the Royal Society of London* 220 (1920), S. 291–333. https://doi.org/10.1098/rsta.1920.0009.

[Ein05]   Albert Einstein. „Zur Elektrodynamik bewegter Körper". In: *Annalen der Physik* 322.10 (1905), S. 891–921. https://doi.org/10.1002/andp.19053221004.

[Ein08]   Albert Einstein. „Über das Relativitätsprinzip und die aus demselben gezogenen Folgerungen". In: *Jahrbuch der Radioaktivität und Elektronik* 4 (1908), S. 411–462.

[Ein11]   Albert Einstein. „Über den Einfluß der Schwerkraft auf die Ausbreitung des Lichtes". In: *Annalen der Physik* 340.10 (1911), S. 898–908. https://doi.org/10.1002/andp.19113401005.

[Ein13]   Albert Einstein. *Über die spezielle und die allgemeine Relativitätstheorie.* 24. Auflage. Berlin: Springer Spektrum, 2013.

[Ein15a]   Albert Einstein. „Erklärung der Perihelbewegung des Merkur aus der allgemeinen Relativitätstheorie". In: *Sitzungsberichte der Königlich Preußischen Akademie der Wissenschaften* (1915), S. 831–839. https://doi.org/10.1002/3527608958.ch4.

[Ein15b]   Albert Einstein. „Zur allgemeinen Relativitätstheorie". In: *Sitzungsberichte der Königlich Preußischen Akademie der Wissenschaften* (1915), S. 778–786. https://doi.org/10.1002/3527608958.ch3.

[Ein16a]   Albert Einstein. „Die Grundlage der allgemeinen Relativitätstheorie". In: *Annalen der Physik* 354.7 (1916), S. 769–822. https://doi.org/10.1002/andp.19163540702.

[Ein16b]   Albert Einstein. „Näherungsweise Integration der Feldgleichungen der Gravitation". In: *Sitzungsberichte der Königlich Preußischen Akademie der Wissenschaften* (1916), S. 688–696. https://doi.org/10.1002/3527608958.ch7.

[Ein17]   Albert Einstein. „Kosmologische Betrachtungen zur allgemeinen Relativitätstheorie". In: *Sitzungsberichte der Königlich Preußischen Akademie der Wissenschaften* (1917), S. 142–152. https://doi.org/10.1002/3527608958.ch10.

[Fis17]   Helmut Fischer und Helmut Kaul. *Mathematik für Physiker. Band 3: Variationsrechnung – Differentialgeometrie – Mathematische Grundlagen der Allgemeinen Relativitätstheorie.* 4. Auflage. Berlin: Springer Spektrum, 2017.

[Fis20]   Gerd Fischer. *Lineare Algebra – Eine Einführung für Studienanfänger.* 19. Auflage. Berlin u. a.: Springer Verlag, 2020.

[Fli16]   Torsten Fließbach. *Allgemeine Relativitätstheorie.* Berlin u. a.: Springer, 2016.

[Fli20]   Torsten Fließbach. *Mechanik – Lehrbuch zur Theoretischen Physik I.* Berlin u. a.: Springer-Verlag, 2020.

[For17]   Otto Forster. *Analysis 3: Maß- und Integrationstheorie, Integralsätze im IRn und Anwendungen.* Berlin u. a.: Springer-Verlag, 2017.

[Fri13]   Klaus Fritzsche. *Grundkurs Analysis 2 – Differentiation und Integration in mehreren Veränderlichen.* Berlin u. a.: Springer-Verlag, 2013.

[Göb16]   Holger Göbel. *Gravitation und Relativität – Eine Einführung in die Allgemeine Relativitätstheorie.* Berlin: De Gruyter, 2016.

[Goe96] Hubert Goenner. *Einführung in die spezielle und allgemeine Relativitätstheorie.* Heidelberg u. a.: Spektrum Akad. Verl., 1996.

[Ham02] Richard T. Hammond. „Torsion gravity". In: *Reports on Progress in Physics* 65.5 (März 2002), S. 599–649. https://doi.org/10.1088/0034-4885/65/5/201.

[Heć13] Željko Hećimović. „Relativistic effects on satellite navigation". In: *Tehnički vjesnik/Technical Gazette* 20.1 (2013), S. 195–203. URL: https://hrcak.srce.hr/97499 (Letzter Zugriff am 08. 04. 2021).

[HKN76] Friedrich Hehl, David Kerlick und James Nester. „General relativity with spin and torsion: Foundations and prospects". In: *Reviews of Modern Physics* 48 (Juli 1976). https://doi.org/10.1103/RevModPhys.48.393.

[KB18] Peter Knabner und Wolf Barth. *Lineare Algebra – Grundlagen und Anwendungen.* 2. Auflage. Berlin u. a.: Springer, 2018.

[Küh12] Wolfgang Kühnel. *Differentialgeometrie – Kurven – Flächen – Mannigfaltigkeiten.* Berlin u. a.: Springer-Verlag, 2012.

[Lan85] Ludwig Lange. „Über die wissenschaftliche Fassung des Galilei'schen Beharrungsgesetzes". In: *Philosophische Studien* 2 (1885), S. 266–297.

[Lee10] John M. Lee. *Introduction to smooth manifolds.* Bd. 218. Graduate texts in mathematics. New York: Springer, 2010.

[Lee97] John M. Lee. *Riemannian manifolds: An introduction to curvature.* Bd. 176. Graduate texts in mathematics. New York: Springer, 1997.

[Leh04] Manfred Lehn. *Vorlesungsskript Analysis III.* Institut für Mathematik der Johannes-Gutenberg Universität Mainz, Mai 2004. URL: https://download.uni-mainz.de/mathematik/Topologie%20und%20Geometrie/Lehre/analysisIII.pdf (Letzter Zugriff am 06. 01. 2021).

[Loo11] Frank Loose. *Differentialgeometrie I, II.* Mathematisches Institut der Eberhard-Karls-Universität Tübingen, 2011. URL: https://www.math.uni-tuebingen.de/user/loose/studium/Skripten/Diffgeo_III.pdf (Letzter Zugriff am 01. 04. 2021).

[Mac83] Ernst Mach. *Die Mechanik in ihrer Entwicklung: Historisch-kritisch dargestellt.* F.A. Brockhaus, 1883.

[Mei19] Reinhard Meinel. *Spezielle und allgemeine Relativitätstheorie für Bachelorstudenten.* Berlin u. a.: Springer-Verlag, 2019.

[Min18] Hermann Minkowski. „Raum und Zeit: Vortrag, gehalten auf der 80. Versammlung Deutscher Naturforscher und Ärzte." In: *Das Relativitätsprinzip.* Hrsg. von Wolfgang Trageser. Berlin u. a.: Springer, 2018, S. 65–83.

[Mis08] Charles W. Misner, Kip S. Thorne und John Archibald Wheeler. *Gravitation.* New York: Freeman, 2008.

[Nak15] Mikio Nakahara. *Differentialgeometrie, Topologie und Physik.* Berlin u. a.: Springer-Verlag, 2015.

[New19] Stephen C. Newman. *Semi-Riemannian geometry: The mathematical language of general relativity.* Hoboken: Wiley, 2019.

[Olo18] Rainer Oloff. *Geometrie der Raumzeit – Eine mathematische Einführung in die Relativitätstheorie.* Berlin u. a.: Springer-Verlag, 2018.

[ONe10] Barrett O'Neill. *Semi-Riemannian geometry: With applications to relativity.* Pure and applied mathematics. San Diego: Academic Press, 2010.

[Pai86] Abraham Pais. *Raffiniert ist der Herrgott ...: Albert Einstein – eine wissenschaftliche Biographie.* Braunschweig: Vieweg, 1986.

[Phi18]   Owe Philipsen. *Quantenfeldtheorie und das Standardmodell der Teilchenphysik: Eine Einführung*. Berlin, u. a.: Springer, 2018.

[Poh17]   Jonas Pohl. *Allgemeine Relativitätstheorie und Gravitationswellen: Eine Einführung für Lehramtsstudierende*. BestMasters. Wiesbaden: Springer Spektrum, 2017.

[Reb12]   Eckhard Rebhan. *Theoretische Physik: Relativitätstheorie und Kosmologie*. Heidelberg: Spektrum Akademischer Verlag, 2012.

[Ryd09]   Lewis Ryder. *Introduction to General Relativity*. Cambridge: Cambridge University Press, 2009.

[Sch02]   Ulrich E. Schröder. *Gravitation: Einführung in die allgemeine Relativitätstheorie*. 2. Auflage. Frankfurt am Main: Verlag Harri Deutsch, 2002.

[Sch07]   Florian Scheck. *Theoretische Physik 1. Mechanik*. Berlin u. a.: Springer, 2007.

[Sch09]   Bernard F. Schutz. *A first course in general relativity*. 2. Auflage. Cambridge und New York: Cambridge University Press, 2009.

[Sch10]   Stefan Scherer. *Vorlesungsskript Theoretische Physik für Lehramtskandidaten*. Institut für Kernphysik der Johannes Gutenberg-Universität Mainz, Jan. 2010. URL: https://wwwth.kph.uni-mainz.de/files/2018/11/TPIII.pdf (Letzter Zugriff am 01. 05. 2021).

[Sch15]   Karl Schilcher. *Theoretische Physik kompakt*. Berlin u. a.: De Gruyter, 2015.

[Sch16]   Stefan Scherer. *Symmetrien und Gruppen in der Teilchenphysik*. 1. Auflage. Berlin u. a.: Springer Spektrum, 2016.

[Sch17]   Florian Scheck. *Klassische Feldtheorie: Von Elektrodynamik, nicht-Abelschen Eichtheorien und Gravitation*. 4. Auflage. Berlin: Springer Spektrum, 2017.

[Son18]   Bernd Sonne. *Allgemeine Relativitätstheorie für jedermann: Grundlagen, Experimente und Anwendungen verständlich formuliert*. 2. Auflage. essentials. Wiesbaden: Springer, 2018.

[Sti19]   Alexandra Stillert. *Allgemeine Relativitätstheorie und Schwarze Löcher: Eine Einführung für Lehramtsstudierende*. BestMasters. Wiesbaden: Springer, 2019.

[Str88]   Norbert Straumann. *Allgemeine Relativitätstheorie und relativistische Astrophysik*. 2. Auflage. Bd. 150. Lecture Notes in Physics. Berlin: Springer, 1988.

[Wal16]   Stefan Waldmann. *Lineare Algebra 2 – Anwendungen und Konzepte für Studierende der Mathematik und Physik*. Berlin u. a.: Springer-Verlag, 2016.

[Wei19]   Edmund Weitz. *Elementare Differentialgeometrie (nicht nur) für Informatiker*. Berlin: Springer, 2019.

[Wei72]   Steven Weinberg. *Gravitation and cosmology: Principles and applications of the general theory of relativity*. New York: Wiley, 1972.

[Wil18]   Clifford M. Will. *Theory and experiment in gravitational physics*. 2. Auflage. Cambridge: Cambridge University Press, 2018.

Printed in the United States
by Baker & Taylor Publisher Services